Marc Beck

Geheimauftrag Raumstation

Marc Beck

Geheimauftrag Raumstation

Mit Illustrationen von
Rebecca Meyer

gondolino

ISBN 978-3-8112-3080-4

Coverillustration: Michaela Sangl
Covergestaltung: Christine Retz
Reihenlogo: Gisela Dürr
Printed in Slovenia – 003
5 4 3 2 1

Der Umwelt zuliebe gedruckt auf chlorfrei gebleichtem Papier.

www.gondolino.de

Inhalt

Die geheime Botschaft ... 7
Nächtliche Begegnung ... 15
Eine schlechte Nachricht ... 23
Die Reise beginnt ... 31
Auf der Raumstation ... 39
Spaziergang im All ... 47
Sabotage ... 56
Vernichtet! ... 64
Gefahr aus dem Weltraum ... 72
Zurück zur Erde ... 81

Lösungen ... 89
Glossar ... 91
Das Universum ... 96
Sterne, Planeten und Monde ... 98
Unser Sonnensystem ... 100
Die Raumstation ISS ... 106

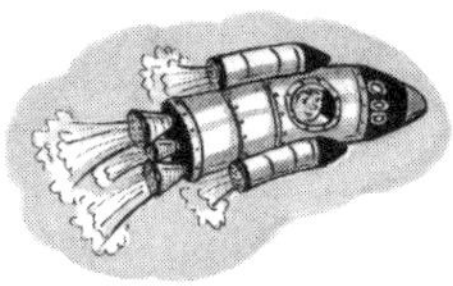

Die geheime Botschaft

Eric trat unruhig von einem Bein aufs andere. Lewis drehte sich zu ihm um und lächelte ihn an. „Bist du aufgeregt?“, fragte er.

Eric nickte. „Immerhin ist das die erste Pressekonferenz meines Lebens.“

„Aber wahrscheinlich wird es nicht unsere letzte sein“, mischte sich Anna ein.

Nun grinste Lewis. „Ganz bestimmt nicht“, sagte er. „Macht euch keine Sorgen. Wenn ihr von eurer Reise zurück seid, werdet ihr vor Pressekonferenzen kein Lampenfieber mehr haben. Hat man die Erde einmal aus dem All gesehen, verliert alles Andere an Bedeutung.“

Eric runzelte zweifelnd die Stirn. Lewis hat gut reden, dachte er. Er war Mitte vierzig, Missionsleiter bei der NASA und schon zweimal im Weltall gewesen. Doch Eric und Anna waren zehnjährige Kinder, die vor dem größten Abenteuer ihres Lebens standen.

Lewis blickte auf die Uhr. „Gleich ist es so weit“, sagte er. Kurz darauf öffnete er die Tür und betrat den Raum, in dem die Pressekonferenz stattfinden sollte. Eric und Anna folgten ihm. Sofort wurden sie von einem Blitzlichtgewitter geblendet. Lewis ging zum Podium und setzte sich auf den mittleren von drei Stühlen, Eric und Anna nahmen links und rechts von ihm Platz. Eric bemerkte, dass Lewis die neugierige Unruhe der Reporter genoss. Selbst Anna schien sich wohl zu fühlen. Sie strich sich ihre braunen Locken aus dem Gesicht und grinste selbstbewusst in die Runde. Eric hingegen hoffte nur, dass die Konferenz bald vorüber sein würde.

Nach einer Weile hob Lewis die Hand und bat um Ruhe. „Meine Damen und Herren“, begrüßte er die Journalisten und die Fernsehzuschauer in aller Welt. Die Pressekonferenz wurde live übertragen. „Ich freue mich, Ihnen heute die ersten Kinderastronauten in der Geschichte der Raumfahrt zu präsentieren: Anna Wilcox und Eric Miller.“

Erneut schossen die Fotografen Bilder. Eric starrte verlegen in die Kameras und bemühte sich, zu lächeln.

„Wie Sie bereits wissen, sind Anna und Eric die Gewinner eines Forschungswettbewerbs, bei dem sie ihre Intelligenz und ihre Sportlichkeit beweisen mussten. Beide haben mit überragendem Ergebnis abgeschlossen. Deswegen wurden sie ausgewählt, als erste Kinderastronauten zur internationalen Raumstation ISS zu fliegen.“

Während Lewis weitersprach, schweiften Erics Gedanken ab. Als er vor ein paar Monaten an dem Wettbewerb teilgenommen hatte, hatte er gehofft, einen Laptop zu gewinnen. Stattdessen würde er nun in wenigen Wochen ins All fliegen.

Plötzlich bemerkte Eric, dass es still geworden war und ihn alle erwartungsvoll ansahen. Ein Journalist musste ihn etwas gefragt haben.

Eric spürte, wie er unter seinen Sommersprossen rot wurde. „Können Sie Ihre Frage wiederholen?“, bat er.

„Hast du schon immer davon geträumt, Astronaut zu werden?“, fragte ein Mann in der ersten Reihe.

„Seit meinem siebten Geburtstag“, antwortete Eric. „Damals habe ich die ersten Fachbücher über das Weltall geschenkt bekommen.“

Die Reporter wirkten überrascht und begannen, miteinander zu flüstern. Anna beugte sich zu Eric hinüber.

„Spätstarter", wisperte sie ihm mit einem Zwinkern zu. „Ich habe mich bereits mit sechs Jahren über schwarze Löcher informiert."

Die nächsten Fragen richteten sich an Anna und Lewis. Dann war Eric wieder an der Reihe.

„Was für ein Phänomen im Weltraum begeistert dich am meisten?", erkundigte sich eine Frau.

„Rote Riesen", entgegnete Eric wie aus der Pistole geschossen. Sofort sah er einigen Journalisten an, dass sie keine Ahnung hatten, wovon er sprach.

„Das sind ausgebrannte Sterne", fügte er deswegen hinzu. „Diese Sterne schwellen zu einem gewaltigen Roten Riesen an und stoßen ihre äußere Schicht in einem ringförmigen Gasnebel ab."

„Das nennt man den Planetarischen Nebel“, sagte Anna. „Der restliche Stern kühlt langsam ab und wird zum Weißen Zwerg. Wussten Sie, dass ein Teelöffel eines Weißen Zwerges so viel wiegt wie ein ausgewachsener Elefant?“

Eric grinste. Anna gefiel ihm. Bestimmt wusste sie genauso viel über das Weltall wie er. Und mit ihrer Anmerkung hatte sie es geschafft, einen großen Teil der Journalisten zu verblüffen.

Nach einigen weiteren Fragen kam Lewis auf das Ziel der anstehenden Weltraummission zu sprechen. „Seit Jahren finden auf der ISS medizinische Experimente statt“, erklärte er. „In der absolut pollenfreien Umgebung auf der Raumstation wurde ein Wirkstoff entwickelt, den die Kinder mit zur Erde bringen sollen. Es ist ein Wirkstoff gegen Pollenallergie, Heuschnupfen, den die Patienten nur einmal im Jahr einnehmen müssen, um die Pollenzeit ohne Beschwerden zu überstehen.“

„Leidet einer von euch unter Heuschnupfen?“, wollte ein Journalist wissen.

„Dann säßen wir nicht hier“, erwiderte Anna. „Wir mussten beide eine aufwändige medizinische Untersuchung über uns ergehen lassen.“

Die Pressekonferenz dauerte noch eine Viertelstunde, dann führte Lewis die Kinder in einen anderen Raum, in dem die fünf erwachsenen Astronauten auf sie warteten. Eric und Anna hatten sie vor zwei Tagen kennen gelernt. Die drei Männer und zwei Frauen waren alle sehr nett, fand Eric. Offenbar hatten sie keine Bedenken, weil Kinder an ihrer Mission teilnehmen würden.

Als gerade alle über einen Witz des Astronauten Graham lachten, trat Lewis an Erics Seite und drückte ihm unauffällig einen Zettel in die Hand.

„Lies die Nachricht später zusammen mit Anna", flüsterte er ihm zu. „Lass dir jetzt nichts anmerken."

Eric beobachtete die Astronauten, während er das

Stück Papier heimlich in seine Hosentasche schob. Niemand hatte etwas bemerkt. Neugierig fragte er sich, um was für eine Nachricht es sich wohl handelte.

Die Zimmer von Anna und Eric lagen im Quartier der Astronauten direkt nebeneinander. Jedes Zimmer verfügte über ein großes Bett, eine Stereoanlage, einen Fernseher mit einer Videospielkonsole und ein eigenes Badezimmer.

„Kommst du noch mit zu mir?“, schlug Eric vor.

Anna nickte. In den letzten Tagen hatten sie die Zeit vor dem Schlafengehen immer mit Videospielen verbracht.

„Was sollen wir heute spielen?“, fragte Anna.

Eric vergewisserte sich, dass ihnen kein Astronaut gefolgt war, und schloss die Tür. Dann setzte er sich auf sein Bett und holte den Zettel aus der Hosentasche. Er erzählte ihr, wie ihm Lewis das Stück Papier zugesteckt hatte.

„Das klingt seltsam“, sagte Anna.

Eric nickte und faltete die Nachricht auseinander. „Was ist das denn?“, fragte er überrascht. Auf dem Papier standen nur Zahlen. Hatte ihm Lewis den falschen Zettel gegeben? Oder war das alles nur ein Scherz? Verwirrt wuschelte er sich durch seine kurzen blonden Haare.

„Zeig mal her“, forderte ihn Anna auf.

Eric reichte ihr den Zettel. Sie studierte ihn kurz und lächelte.

„Das ist eine verschlüsselte Nachricht“, stellte sie fest.

Eric nahm das Papier wieder an sich und warf einen zweiten Blick darauf. Nun grinste auch er. „Du hast Recht! Bestimmt wollte Lewis, dass niemand etwas mit dem Zettel anfangen kann, falls ihn jemand gefunden hätte. Aber so schwer ist der Kode gar nicht ...“

Wie lautet die Nachricht?

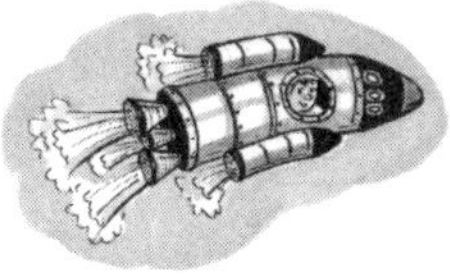

Nächtliche Begegnung

Am nächsten Morgen begrüßte Lewis Anna und Eric, als ob nichts gewesen wäre. Zusammen mit zwei der fünf erwachsenen Astronauten gingen sie in die riesige Halle, in der das Astronautentraining stattfinden würde. „Heute werdet ihr einiges über euren Raumanzug lernen, ihn zum ersten Mal anziehen und anschließend hier im großen Schwimmbecken tauchen gehen."

„Mit dem Raumanzug?", fragte Anna erstaunt.

„Natürlich", entgegnete Lewis. „Unter Wasser zu sein, ist so ähnlich wie schwerelos sein. Ihr sollt schließlich vor eurem Start ins All erfahren, wie sich dieser Zustand in einem Raumanzug anfühlt."

Zwei NASA-Mitarbeiter schoben Tragen in den Raum, auf denen die Raumanzüge lagen. Eric bemerkte verwundert, dass sie aus sehr vielen Einzelteilen bestanden.

„Man kann einen solchen Anzug mit einem Mini-Raumschiff vergleichen", erklärte Lewis.

„Das stimmt", mischte sich die Astronautin Black ein. „Mithilfe eines Raketenrucksacks kann man sich im Raumanzug völlig frei im All bewegen. Das wird ein unvergessliches Erlebnis für euch werden."

Anna und Eric strahlten. Wenn es nach ihnen gegangen wäre, hätte der Spaceshuttle sofort starten können.

Lewis schien ihnen anzusehen, was sie dachten. „Ihr könnt den Start wahrscheinlich kaum erwarten, aber ihr müsst vorher noch einiges lernen, auch unangenehme Sachen. Zum Beispiel das Anlegen einer Windel."

„Eine Windel?" Eric war entsetzt. „Wieso sollen wir eine Windel tragen? Wir sind doch keine Babys!"

Die Astronauten grinsten. „Die wird jeder von uns tragen", beruhigte ihn Black. „Manchmal verbringen wir zehn Stunden im Raumanzug und sollen dabei möglichst viel trinken. Da braucht jeder Mensch eine Windel. Außerdem bezeichnen wir sie als MAG. Klingt das nicht viel besser?"

„Black und Graham begleiten euch in den Nebenraum und helfen euch beim Anziehen", sagte Lewis.

Zögernd nickte Eric.

Ein paar Minuten später standen sich Eric und Anna in der Unterwäsche gegenüber, die jeweils aus einem Hemd und einer langen Unterhose bestand. Black machte sie auf die Plastikröhrchen in den Kleidungsstücken aufmerksam. „Die sorgen dafür, dass euch nicht zu warm wird, denn sie transportieren Kühlwasser. Das Kühlwasser kommt übrigens aus dem Geräterucksack, den wir euch später zeigen werden."

„Aber ist es im All nicht eher zu kalt als zu warm?", fragte Anna.

„Außerhalb des Anzugs liegt die Temperatur tatsächlich bei unter minus hundert Grad Celsius", antwortete Graham. „Doch im Inneren entsteht große Hitze. Deswegen wäre ein Ausfall des Kühlsystems ein echter Notfall."

Nach der Unterwäsche wurden den Kindern weitere Teile des Raumanzugs übergestreift. Dann kam der Helm an die Reihe.

„Die Helme sind so groß, dass man den Kopf problemlos hin und her drehen kann", erklärte Black.

„Auf dem Helm wird ein Element befestigt, das unter anderem aus einem Goldmetallvisier, einer schlagfesten Sichtscheibe, Lampen und Fernsehkameras besteht."

Eric sah zu, wie Black einen Trinkbeutel am Kragen anbrachte.

„Auf eurem Rücken wird ein Rucksack befestigt, der als euer Lebenserhaltungssystem und als Kraftzentrale des Raumanzugs dient. Nur dank ihm ist ein Überleben im All möglich", fuhr die Astronautin fort. „Was schätzt ihr eigentlich, wie viel ein kompletter Anzug kostet?"

„Drei Millionen Dollar", vermutete Eric.

„Das ist viel zu viel", meinte Anna. „Höchstens die Hälfte."

Black grinste. „Es sind sogar etwa dreizehn Millionen Dollar!"

Eric und Anna standen am Rand des großen Wasserbeckens. Es war fast unmöglich gewesen, sich in den über einhundert Kilogramm schweren Raumanzügen fortzubewegen. Aber Eric wusste, dass dieses Gewicht im Weltall wegen der Schwerelosigkeit keine Rolle spielte.

Auch die beiden erwachsenen Astronauten hatten sich inzwischen Raumanzüge angezogen. Gemeinsam wurden sie von einer Art Rolltreppe ins Wasser gesetzt, in dem schon einige Taucher auf sie warteten.

„Könnt ihr mich gut verstehen?", fragte Black.

Ihre Stimme in Erics Helm war glasklar. „Laut und deutlich", antwortete er beeindruckt.

„Wir tauchen zu dem braunen Kasten am Boden des Beckens", erklärte Black.

Eric, der noch nie tiefer als drei Meter getaucht war, genoss die Leichtigkeit im Wasser. Obwohl der Anzug drei Mal so viel wog wie er selbst, konnte er sich nun problemlos fortbewegen. Gemeinsam mit Anna begab er sich in die Tiefe und sah zu, wie Black und Graham die Reparatur eines defekten Teiles übten.

Nachdem sie sich die Raumanzüge wieder ausgezogen hatten, standen sie in ihrer normalen Kleidung allein mit Lewis in einer Ecke der großen Halle.

„Konntet ihr meine Nachricht entschlüsseln?", wisperte Lewis.

„Ja", erwiderte Eric. „Sie befürchten, dass es einen Saboteur an Bord gibt. Aber wie kommen Sie darauf?"

Lewis sah sich vorsichtig um. „Ich habe einen anonymen Hinweis erhalten, dass einer der Astronauten das medizinische Experiment zerstören will."

Anna und Eric sahen ihn mit großen Augen an.

„Aber wer sollte daran Interesse haben?", wollte Anna wissen.

„Wenn ich das wüsste! Ihr müsst für mich herausfinden, wer …"

In diesem Moment trat die Astronautin Black zu ihnen, und Lewis verstummte. „Sind die Kinder für heute Vormittag fertig?", erkundigte sich Black.

Lewis nickte.

„Dann kommt", sagte Black zu Eric und Anna. „Ich nehme euch mit zum Mittagessen."

An diesem Abend verzichteten Anna und Eric auf ein Videospiel und gingen sofort ins Bett. Das Astronautentraining war sehr anstrengend gewesen, und sie waren beide müde. Zudem stand ihnen am nächsten Tag ein ähnliches Programm bevor.

Mitten in der Nacht wurde Eric durch ein Geräusch geweckt. Er blinzelte verschlafen und schaute auf die Uhr. Es war drei Uhr morgens. Wieder hörte er das Geräusch. Draußen auf dem Flur war jemand. Eric blickte zur Tür.

Durch den Spalt am Boden konnte er einen Lichtschein erkennen, der sich bewegte. Als würde jemand auf dem Flur mit einer Taschenlampe umherschleichen. Nun war er neugierig. Eric schlug die Decke beiseite und schwang seine Füße aus dem Bett. Dabei streifte er den Bücherstapel, der neben seinem Bett auf dem Boden lag. Laut rumpelnd fielen einige der Bücher auf das Parkett. Sofort verschwand der Lichtstrahl draußen. Eric schaltete seine Nachttischlampe ein, lief zur Tür und öffnete sie. Der Astronaut Graham stand vor seiner Zimmertür, eine ausgeschaltete Taschenlampe in der Hand. Er trug weiße Sportschuhe und einen blauen Jogginganzug, auf dem in roter Schrift die Buchstaben NASA standen.

„Was machen Sie hier?“, fragte Eric.

„Ich bin von einem Poltern wach geworden und wollte nachsehen, ob alles in Ordnung ist“, antwortete Graham.

„Ich bin aus Versehen gegen einen Bücherstapel getreten“, erklärte Eric.

„Aber sonst ist alles okay?“, erkundigte sich Graham.

Eric nickte nachdenklich. Irgendetwas stimmte hier nicht. Er musterte Graham noch einmal. „Sie haben geschlafen und sind durch das Poltern wach geworden?“, vergewisserte er sich.

Graham nickte. „Und jetzt sollten wir uns beide wieder hinlegen. Morgen wird ein anstrengender Tag.“

„Alles klar“, sagte Eric. „Gute Nacht.“ Er schloss die Tür und lehnte sich von innen dagegen. Warum hatte Graham ihn angelogen?

Warum glaubt Eric Graham nicht?

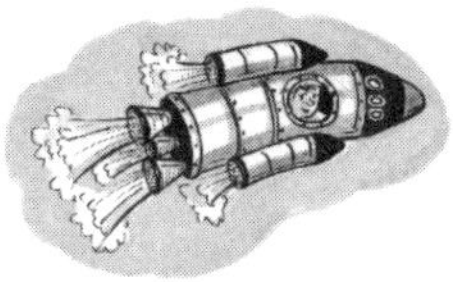

Eine schlechte Nachricht

Eric wartete eine halbe Stunde, dann schlich er sich leise in Annas Zimmer. Er weckte sie und erzählte ihr, was passiert war. „Warum behauptet Graham, von meinem Poltern geweckt worden zu sein? Glaubst du, er schläft mit Sportschuhen und im Jogginganzug?"

„Ganz bestimmt nicht." Anna zuckte mit den Achseln. „Wahrscheinlich werden wir nie herausfinden, was Graham gemacht hat." Sie gähnte herzhaft und blickte auf die Uhr. „Am besten, wir schlafen jetzt noch ein paar Stunden. Sonst sind wir morgen zu müde für das Trainingsprogramm."

Zwar wollte Eric am liebsten sofort hinter Grahams Geheimnis kommen, aber natürlich hatte Anna Recht. Er wünschte ihr eine gute Nacht und ging zurück in sein eigenes Zimmer. Es dauerte jedoch noch lange, bis er endlich wieder eingeschlafen war.

Ein paar Wochen später gingen Anna und Eric morgens zum Frühstück. Anna spielte nervös mit einer Haarsträhne. „In zwei Tagen geht es los", sagte sie. „Wenn ich daran denke, habe ich ein ganz flaues Gefühl im Bauch."

„Hast du Angst?“, wollte Eric wissen. Bisher war ihm Anna sehr cool vorgekommen. Ihr schien es auch nichts auszumachen, dass sie so lange von ihren Familien getrennt waren. Eric dagegen vermisste seine Eltern und seine kleine Schwester sehr und telefonierte täglich mit ihnen.

Anna seufzte. „In den vergangenen Jahren sind immerhin zwei Spaceshuttles explodiert. Eins beim Start und das andere nach dem Wiedereintritt in die Erdatmosphäre vor der Landung.“

„Ich habe eher Angst davor, mich im All total zu blamieren“, meinte Eric nachdenklich. „Stell dir vor, ich bekomme die Raumkrankheit und muss mich übergeben, während eine Kamera live sendet.“

Anna schmunzelte. „Lewis hat gesagt, dass knapp die Hälfte aller Raumfahrer unter der Raumkrankheit leidet. Du müsstest dich deswegen nicht schämen."

Eric erinnerte sich an Lewis' Erläuterungen. Während sich der Körper an die Schwerelosigkeit anpasst, leiden viele Astronauten an Schwindelgefühl, Appetitlosigkeit, kalten Schweißausbrüchen und Übelkeit.

„Außerdem verschwindet die Raumkrankheit nach spätestens achtundvierzig Stunden und kommt dann nicht mehr zurück", fuhr Anna fort. „Und wir haben Medikamente an Bord."

„Denk einfach immer an meine Empfehlung", mischte sich Lewis ein, der in diesem Moment hinter ihnen aufgetaucht war und offensichtlich einen Teil ihrer Unterhaltung mitbekommen hatte. „Beweg dich nicht ruckartig und halte vor allem deinen Kopf gerade. Dann wirst du wahrscheinlich keine Probleme haben."

Er lächelte die Kinder fröhlich an.

„Aber eigentlich wollte ich euch etwas Anderes erzählen", fuhr er fort. „Wir haben die Ergebnisse eures Trainingsprogramms ausgewertet, und eurem Flug ins All steht nichts mehr im Wege."

Eric und Anna grinsten breit. Anna hielt ihre Hand in die Höhe, und Eric schlug ein.

„Nach dem Frühstück treffen wir uns im Konferenzraum. Ich werde euch erzählen, wie die Startphase des Shuttles abläuft. Aber zunächst solltet ihr euch mit einem guten Frühstück stärken.“

Eric stand mit seinem Tablett an der Essensausgabe. Auf seinem Teller lagen zwei Croissants, ein Päckchen Nugatcreme und etwas Himbeermarmelade. Er stellte noch eine Tasse mit dampfendem Kakao dazu und ging zu dem Tisch, an dem Anna, Lewis und die Astronautin Black saßen. Black und Anna verstanden sich prächtig, und auch Eric hatte die Astronautin besonders ins Herz geschlossen.

Als er sich setzte, knirschte etwas unter seinem linken Fuß. Verwundert sah er nach unten. Auf dem Boden lagen die zwei leeren Hälften einer Tablettenkapsel. Warum hatte jemand diesen Müll einfach achtlos fallen gelassen?

„Anna hat mir erzählt, du sorgst dich wegen der Raumkrankheit?“, fragte Black.

Eric nickte.

„Wenn du die ersten Anzeichen bemerkst, sag einfach unserem Doktor Bescheid.“ Black deutete auf den Astronauten Schulz, der am Nebentisch saß. „Er ist Arzt und beaufsichtigt das medizinische Experiment auf unserer Mission.“

Nach dem Frühstück versammelten sich die Astronauten im Konferenzraum. Lewis stand hinter einem schwarzen Rednerpult. „Die meisten von euch waren zwar schon mit einem Shuttle im All, gerade den Kindern möchte ich aber erklären, was in den letzten Stunden vor und den ersten Minuten nach dem Start passiert", begann er seinen Vortrag. „Ich persönlich werde euch etwa sechs Stunden vor dem Start wecken. Gemeinsam werden wir frühstücken, dann zieht ihr eure roten Druckanzüge an und fahrt mit dem Bus zur Startrampe. Etwa zwei Stunden und dreißig Minuten vor dem Start geht ihr an Bord des Shuttles."

In diesem Moment erhob sich Schulz. „Tut mir leid", murmelte er. Eine Hand auf seinen Bauch gedrückt, eilte er an seinen Kollegen vorbei und verließ den Raum.

Lewis zögerte kurz, dann erläuterte er, wie der Shuttle innerhalb von achteinhalb Minuten von null auf achtundzwanzigtausend Kilometer pro Stunde beschleunigen würde.

Als er seinen Vortrag beendet hatte, war Schulz immer noch nicht wieder aufgetaucht.

Am Abend lag Eric auf seinem Bett und blätterte in einer Fachzeitschrift über die neuesten Forschungsergebnisse zum Thema Urknall. Die Vorstellung, dass das ganze Universum vor etwa dreizehn Milliarden Jahren aus dem Nichts entstanden war, faszinierte ihn, seitdem er das erste Mal davon gelesen hatte. Gleichzeitig war das

Ganze nur schwer zu begreifen. War dieses riesige Universum früher wirklich kleiner als eine Erbse gewesen und hatte sich dann durch eine Art Explosion ausgebreitet?

Plötzlich klopfte es.

„Herein!", rief Eric.

Lewis öffnete die Tür. Eric bemerkte sofort seinen sorgenvollen Gesichtsausdruck. „Wir müssen uns im Besprechungsraum treffen", sagte Lewis und wandte sich wieder ab. Während Eric aufstand, klopfte Lewis bereits an der nächsten Tür.

Nach und nach trafen die Raumfahrer ein. Direkt neben dem Rednerpult standen Lewis und einer der Männer, die als Ersatzastronauten vorgesehen waren. Eric erschrak. Bestimmt hatte die NASA kalte Füße bekommen und würde Anna und ihn doch nicht ins All schicken.

„Ich habe leider keine guten Nachrichten", erklärte Lewis.

Eric spürte Annas Blick. Er wandte sich ihr zu und sah, dass sie genauso besorgt war wie er. Das können sie doch nicht machen, dachte er enttäuscht. Nicht, nachdem wir dieses harte Training erfolgreich hinter uns gebracht haben.

„Doktor Schulz ging es den ganzen Tag sehr schlecht", sagte Lewis. „Wir haben ihn eingehend untersucht. Er kann unmöglich übermorgen ins All fliegen. Deswegen wird ihn Astronaut Smith ersetzen."

„Was hat Schulz denn?", erkundigte sich Black. „Ist es ansteckend?"

„Nein. Er hat definitiv keinen Virus in sich. Aber wir wissen noch nicht, wieso er erkrankt ist."

Bei diesen Worten schlug Erics Herz auf einmal rasend schnell. Er musste unbedingt allein mit Lewis reden und ihm erzählen, was ihm aufgefallen war. Konnte es sein, dass Schulz' Krankheit absichtlich herbeigeführt worden war?

Wie kommt Eric zu diesem Verdacht?

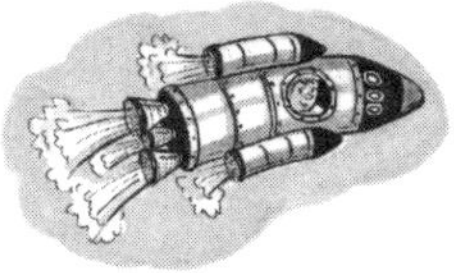

Die Reise beginnt

Die Astronauten warteten im Liegen auf den Start der Triebwerke. Eric gingen die vielen Erlebnisse der vergangenen Stunden durch den Kopf. Erst heute nach dem Frühstück hatte sich für ihn endlich die Gelegenheit ergeben, mit Lewis über die leere Tablettenkapsel zu sprechen. Davor waren sie nie allein gewesen. Doch Lewis hatte nur gesagt, dass er sich darüber keine Gedanken machen sollte. Er schien Erics Entdeckung nicht ernst zu nehmen.

Kurz darauf waren die Astronauten zu einem Raum gebracht worden, in denen ihnen spezielle Druckanzüge

übergestreift worden waren, die sie nur beim Start und bei der Landung tragen würden. Ein Bus hatte sie zum Shuttle gebracht, wo ihnen Journalisten letzte Fragen zuriefen. Danach hatten sie sich von ihren Familien verabschiedet, mit denen sie auch den Tag vor dem Abflug verbracht hatten. Schließlich waren sie von einem Aufzug hoch zu einer Brücke transportiert worden, über die sie in den Spaceshuttle gelangt waren.

Ein leichtes Schwanken ließ Eric aufschrecken. Ging es bereits los? Der Countdown befand sich erst bei drei Minuten und fünfundzwanzig Sekunden. „Was ist das?", fragte er besorgt.

„Das ist ein ganz normaler Test vor dem Start", erklärte ihm Black. „Die Triebwerke werden hin- und hergeschwenkt."

„Okay", murmelte Eric. Stumm zählte er rückwärts. Kurz bevor er bei Null ankam, erzitterte das Raumschiff.

„Jetzt starten wir!", rief Black ihnen begeistert zu.

Die acht Haltebolzen, mit denen der Shuttle an der Startrampe befestigt war, wurden abgesprengt. Im gleichen Moment zündete der Motor, und der Shuttle hob ab. Nach vier Sekunden war der Startturm passiert. Das Raumschiff bewegte sich mit 80 Stundenkilometern nach oben. Nach nur sieben weiteren Sekunden hatten sie eine Geschwindigkeit von 140 Stundenkilometern erreicht, und die Astronauten wurden immer mehr in ihre Sitze gepresst. Der Shuttle rollte sich zur Seite, um sich auf die gewünschte Umlaufbahn zuzubewegen. Die Geschwindigkeit wurde stetig höher. Doch Eric fühlte sich überhaupt nicht unwohl. Das ist fast wie auf einer Achterbahn, wenn es steil bergab geht, dachte er. Allerdings war es im Shuttle sehr laut, und das ganze Raumschiff vibrierte. Eric konnte ein aufgeregtes Jauchzen nicht unterdrücken. Genau wie beim Achterbahnfahren.

Nach gut zwei Minuten lösten sich die Raketen vom Shuttle. Lewis hatte sie vor diesem Augenblick gewarnt. Es fühlte sich an, als würden sie mit hoher Geschwindigkeit gegen eine Wand fliegen, weil die Beschleunigung rapide sank. Eric stöhnte vor Schreck. Wenigstens wurde es nun leiser, und der Shuttle vibrierte nicht mehr so stark. Und schon nahm die Beschleunigung wieder zu.

Bald waren sie schneller als je zuvor. Achteinhalb Minuten nach dem Start wurde das Haupttriebwerk abgestellt und achtzehn Sekunden später der große Außentank abgesprengt. Der Start hatte reibungslos funktioniert. In einer halben Stunde würden sie den Orbit erreichen.

Drei Stunden später waren die Klappen des Raumschiffs geöffnet, damit es im Inneren nicht zu heiß wurde. Bis sie bei der internationalen Raumstation ankamen, würden sie im vorderen Bereich des Shuttles arbeiten, essen und schlafen. Eric schwebte durch das Raumschiff zu einem der kleinen Fenster. Inzwischen trug er ganz normale Kleidung: ein T-Shirt und eine bequeme Hose. Eric umklammerte eine Haltestange, um nicht sofort weiterzuschweben. Er schaute hinaus. Der Anblick der blauen Erde war unglaublich beeindruckend. Er hatte noch nie im Leben etwas Schöneres gesehen.

Black schwebte auf ihn zu. „Atemberaubend, oder?“, sagte sie.

Eric nickte. „Ich habe es mir schön vorgestellt, aber nicht so überwältigend.“

„So ist es mir beim ersten Mal auch gegangen.“ Sie stupste ihn leicht an. „Dir scheint gar nicht schlecht geworden zu sein!“

Eric hatte in den letzten Stunden keinen Gedanken an die Raumkrankheit verschwendet. Dafür war er viel zu

beschäftigt gewesen. Nun grinste er erleichtert. „Nein, zum Glück nicht."

„Dann wird es jetzt Zeit für deine erste Mahlzeit im All. Komm mit! Wenn ich mich nicht irre, gibt es Schweinefleisch mit Gemüse."

Gemeinsam schwebten sie zu dem Teil des Raumschiffs, wo ihre Verpflegung lagerte. Anna war bereits da und schlug übermütig einen Purzelbaum in der Luft.

„Wie geht's deinem Magen?", erkundigte sie sich.

„Alles in Ordnung", antwortete Eric.

„Hoffentlich ändert sich das nicht, sobald du hiervon probiert hast", meinte Graham und warf ihm einen Plastikbeutel zu. Darin befand sich das Essen, das auf der Erde getrocknet und eingepackt worden war.

„Das ist bestimmt nicht sehr appetitlich", vermutete Eric.

Black gab ihm ein Gerät, mit dem er heißes Wasser zufügen konnte. Kurze Zeit später war die Portion zubereitet. Eric umschloss die Öffnung des Beutels mit dem Mund und saugte das Essen heraus. Es schmeckte zwar nicht so gut wie zuhause, war aber besser als erwartet.

Black lächelte ihm zu. „Ich weiß, was du denkst“, meinte sie. „Bei deiner Mutter schmeckt es besser.“

Eric zuckte mit den Achseln. „Für dieses Erlebnis hier würde ich noch viel mehr in Kauf nehmen als mittelmäßiges Essen.“

„Außerdem kannst du das hier auf der Erde bestimmt nicht machen“, sagte sie und deutete auf die Plastikverpackung in ihrer Hand, in der sich Traubensaft befand. Behutsam presste sie einen einzigen Tropfen heraus, der in der Schwerelosigkeit wie eine kleine rote Frucht davonschwebte. Black folgte dem Tropfen und schnappte wie ein hungriges Krokodil zu. Eric grinste. Das musste er auch ausprobieren.

Einige Zeit später hangelten sich Eric und Anna in den Schlafbereich des Shuttles.

Der Ersatzmann Smith saß festgeschnallt auf seinem Bett und hielt ein großes Blatt Papier in der Hand. In seinen Ohren steckten Kopfhörer.

Eric warf einen Blick auf das Papier. „Was ist das?“, fragte er neugierig. Es sah so aus, als würde Smith eine Art Bauanleitung studieren.

Smith schien sie erst jetzt zu bemerken. Erschrocken zuckte er zusammen. Er faltete das Papier mit der Anleitung hastig zusammen und nahm sich die Kopfhörer aus den Ohren.

„Was ist das?", wiederholte Eric.

„Das geht dich nichts an", erwiderte Smith schroff. „Was schleicht ihr euch überhaupt so an?"

„Wir haben uns nicht angeschlichen", entgegnete Eric. „Wenn Sie uns wegen der Musik nicht gehört haben, können wir ja nichts dafür." In diesem Moment bemerkte er, dass aus den Kopfhörern gar keine Musik, sondern eine Stimme drang. Fast gleichzeitig schaltete Smith den MP3-Player aus.

„Gehen wir wieder zu den anderen Astronauten zurück“, schlug Anna vor. „Hier sind wir offenbar unerwünscht.“

Eine halbe Stunde später hangelte sich Smith in den Arbeitsbereich. Eric und Anna nickten sich zu. Sie wollten unbedingt herausfinden, was Smith sich angesehen hatte.

Im Schlafquartier angekommen, plagte Eric jedoch ein schlechtes Gewissen. „Wir können nicht einfach seine Sachen durchwühlen, oder?“, fragte er zweifelnd.

„Das ist auch gar nicht nötig“, sagte Anna nach einem Blick auf die Liegen.

Was fällt Anna auf?

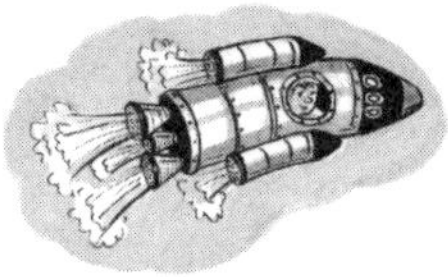

Auf der Raumstation

Anna griff nach dem Zettel unter der Decke, schnallte sich auf ihrer Liege fest und studierte das Blatt Papier. Eric schwebte im Raum umher und achtete darauf, ob sich jemand dem Schlafbereich des Shuttles näherte.

„Ich versteh das nicht“, gestand Anna. „Das scheint mir tatsächlich eine Art Bauskizze zu sein. Aber ich habe keine Ahnung, was sie darstellen soll.“

Eric bewegte sich neben sie, sodass er einen Blick auf das Papier werfen konnte. Anna hielt ihn mit einer Hand fest. Doch auch er konnte nicht erkennen, was für ein Apparat auf dem Plan abgebildet war.

„Wir müssen Lewis davon erzählen“, sagte Eric. „Falls wir mal irgendwann ungestört mit ihm reden können.“ Bisher war bei jedem Kontakt zur Erde mindestens ein anderer Astronaut dabei gewesen. „Versteck die Skizze wieder an ihrem alten Platz“, riet er Anna, „damit uns Smith nicht auf die Schliche kommt.“

Nachdem das Raumschiff drei Tage lang die Erde umkreist und die erwachsenen Astronauten einen Satelliten ausgesetzt hatten, stand eine weitere wichtige Station ihrer Mission bevor: der Flug zur ISS und das Andocken an die Raumstation.

Black hatte ihnen erklärt, dass der Shuttle zum Erreichen der ISS zunächst langsamer werden würde, damit sie sanken. Dadurch würden sie sich der ISS schneller nähern. Denn je tiefer eine Umlaufbahn war, desto schneller wurden die Objekte, die sich in ihr befanden. Durch eine Verringerung der Geschwindigkeit gelangte

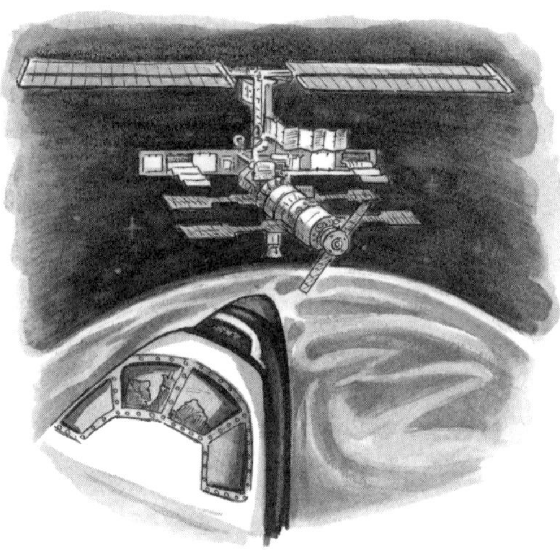

das Raumschiff in eine tiefere Bahn. Im richtigen Augenblick würde der Shuttle wieder beschleunigen und so die gleiche Umlaufbahn wie die Raumstation erreichen.

Gespannt beobachteten die Kinder, wie die riesige ISS immer näher kam.

„So groß habe ich sie mir gar nicht vorgestellt.“ Eric staunte.

„Wenn sie fertiggestellt ist, wird sie größer als ein Fußballfeld sein“, klärte ihn Black auf.

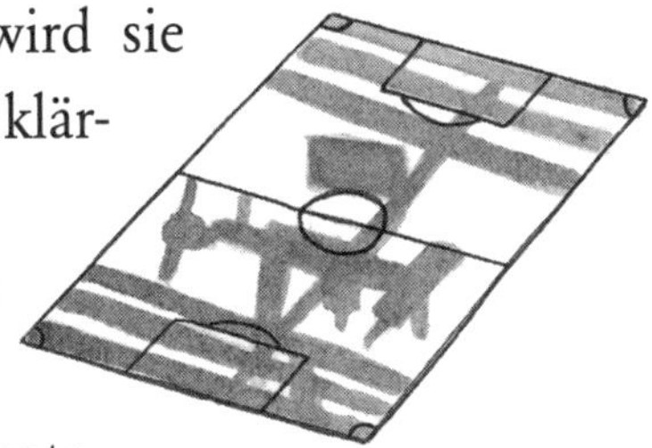

Ein leichter Stoß erschütterte den Shuttle.

„Wir haben angedockt“, sagte Black.

Im Shuttle war eine neue Stimme durch die Lautsprecher zu hören. Sie hatte einen russischen Akzent. „Willkommen auf der internationalen Raumstation. Ich bin an der Luke und erwarte Sie.“

„Vielen Dank für die freundliche Begrüßung, Kosmonaut Yurichev“, entgegnete Black. „Ich hoffe, Sie haben für den ersten Kinderbesuch auf der Station alles vorbereitet.“

Man hörte Yurichev leise lachen. „Leider haben der Clown und die berühmten russischen Zirkusakrobaten abgesagt. Trotzdem bin ich überzeugt davon, dass es den Kindern gefallen wird.“

Die Luke öffnete sich. Außer Anna und Eric würden noch die Astronauten Black, Graham und Smith ein paar Tage auf der Raumstation verbringen. Die aus drei Mann bestehende Besatzung der ISS freute sich über diese Abwechslung.

Eric musterte den freundlich wirkenden Kosmonauten Yurichev, der ein weißes T-Shirt und eine blaue Hose trug

und jeden der Neuankömmlinge in den Arm nahm. Eric wusste, dass die russischen Raumfahrer nicht Astronauten, sondern Kosmonauten genannt wurden.

„Wie fühlt es sich an, der jüngste Astronaut aller Zeiten zu sein?“, fragte Yurichev Eric, der ein paar Wochen jünger war als Anna.

„Toll!“, erklärte Eric begeistert. „Es ist sogar noch besser, als ich es mir vorgestellt habe.“

Yurichev nickte. „So geht es jedem Sternenreisenden bei seinem ersten Flug.“ Nachdem er auch Anna umarmt hatte, deutete er mit einer Handbewegung hinter sich. „Ich möchte euch die beiden Astronauten vorstellen, die hier mit mir leben und arbeiten. Anschließend führe ich euch durch die Raumstation, damit ihr euch schnell zurechtfindet.“

Yurichev hangelte sich von einem Haltegriff zum nächsten und zeigte ihnen alle Elemente, aus denen die ISS zusammengesetzt war. Die Kinder und die drei erwachsenen Astronauten folgten ihm. Gebannt lauschten Eric und Anna seinen Erklärungen. „Angefangen hat der Bau 1998 mit einem russischen Fracht- und Kontrollmodul namens Zarya.“ In seiner Stimme schwang Stolz auf die Leistung seiner Landsleute mit. „Es folgte der Ver-

bindungsknoten Unity, an dem im Jahr 2000 das Wohnelement Swezda angebracht wurde. Nach einigen weiteren Teilen befestigten unsere amerikanischen Freunde im Jahr 2001 ihr Labor Destiny an der Station. Zwei Monate später folgte der fernbedienbare Greifarm Canadarm 2. Durch den Greifarm sind die Ausbauarbeiten an der ISS viel einfacher geworden. Als Nächstes erreichen wir übrigens Destiny. Hier findet das medizinische Experiment statt, dessen Ergebnis ihr am Ende eurer Mission zur Erde bringen sollt.“ Yurichev deutete auf einen großen Glaskasten. „In den letzten Jahren wurde hier ein Wirkstoff gegen Pollenallergie entwickelt, den man auf der Erde so nicht hätte herstellen können.“

„Benötigt man für diesen Bereich einen speziellen Zugangskode?“, erkundigte sich Smith.

Yurichev schüttelte den Kopf. „Nein, wir vertrauen uns hier gegenseitig. Außerdem könnte ein Dieb ja nicht weglaufen."

„Also kann hier jeder hinein?", fragte Smith. „Zu jeder Zeit, ohne dass man dafür eine Genehmigung braucht?"

„Ja", sagte Yurichev noch einmal. „Alle Teile der ISS stehen allen Astronauten offen."

Eine Stunde später war Eric im Bereich des Wohnmoduls, der als Badezimmer diente. Er zog sich umständlich aus und steuerte die Toilette an. Sie bestand aus einem großen grauen Kasten mit einer ganz normalen Klobrille und zwei Haltestangen an den Seiten. Eric setzte sich und

klappte die Stangen auf seine Oberschenkel. Dann steckte er seine Füße in die zwei Schlaufen am Boden des Kastens. Nun konnte er nicht mehr wegschweben.

Anschließend betätigte Eric den Luftsauger, der alles aus der Toilette wegsaugte. Danach drückte er die Stangen wieder zur Seite und rutschte mit seinen Füßen aus den Schlaufen.

Im nächsten Moment schwebte er wieder in der Luft. Eric steuerte die Duschkabine an. Um in der Dusche nicht zu ersticken, musste er ein Atmungsgerät aufsetzen. Dann packte er den Haltegriff und stellte sich auf den Boden. Er betätigte einen Knopf, und ein Sprühmechanismus benetzte seinen Körper mit feinen Wassertropfen, die Eric mit der Hand auf seiner Haut verteilte. Nachdem er das Duschgel aufgetragen hatte, befand sich ein Schmierfilm auf seiner Haut, der wie Sonnenschutzcreme an ihm haftete. Mühevoll wusch er ihn sich mit einem Schwamm ab und seufzte. Zu Hause duschte er gern, aber hier machte es überhaupt keinen Spaß. Er beschloss, in den nächsten Tagen lieber aufs Duschen zu verzichten und seinen Körper nur mit einem Schwamm zu reinigen. Zumindest verstand er jetzt, warum Yurichev ihn so mitleidig angesehen hatte, als sich Eric Richtung Badezimmer verabschiedet hatte.

Am Abend krabbelten Eric und Anna umständlich in ihre Schlafsäcke, die an den Wänden befestigt waren.

„Warum gibt es bloß keine Möglichkeit, Schwerkraft künstlich zu erzeugen?“, seufzte Anna. „In Filmen funktioniert das doch auch.“

Eric nickte, während er sich mit Gurten vor dem Wegschweben schützte. Anna hatte Recht. Die Schwerelosigkeit war eine unvergleichbare Erfahrung, aber es gab Situationen, in denen er gerne darauf verzichten würde.

„Mir ist übrigens aufgefallen, welcher Astronaut besonders interessiert an dem medizinischen Experiment ist“, sagte Anna unvermittelt. „Dir auch?“

Wen meint Anna?

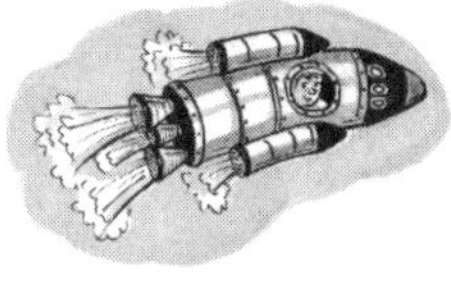

Spaziergang im All

„Warum erkundigt sich Smith so intensiv nach einem Zugangskode?“, wollte Anna wissen.

Eric nickte grimmig. „Sogar zwei Mal hat er danach gefragt. Wir müssen Smith unbedingt im Auge behalten. Ich bin mir sicher, dass er der Saboteur ist.“ Doch plötzlich fiel ihm etwas Anderes ein. Er seufzte. „Morgen ist unser großer Tag. Ein Spaziergang im All, der in der ganzen Welt live übertragen wird. Hoffentlich blamieren wir uns nicht.“

„Bislang haben wir uns gut gehalten“, sagte Anna. „Warum soll das morgen anders werden?“

In der Luftschleuse zogen sich Eric und Anna die Raumanzüge an. Dann setzte Yurichev Eric den Rucksack auf.

„Als Nächstes befestige ich an deinem Lebenserhaltungstornister den SAFER“, erklärte ihm der Kosmonaut.

Eric nickte. Bereits vor ein paar Stunden hatte Yurichev Anna und ihm dieses Gerät gezeigt. Der SAFER war ein Selbsthilfesystem, mit dem er sich zurück zur ISS befördern konnte, falls seine Sicherungsleine riss. Er bestand

aus einem Kasten, an dessen Seiten zwei Arme emporragten. Jeder dieser Arme war mit zwölf kleinen Schubdüsen ausgestattet. Mit ihrer Hilfe konnte er im Notfall zurück zur ISS gelangen. Doch in erster Linie würde ihn die Sicherungsleine schützen.

„Seid ihr so weit?" Der Astronaut Oldman, der zusammen mit den Kindern den Weltraumspaziergang unternehmen würde, unterbrach Erics Gedanken. Genau wie Yurichev gehörte Oldman zu der Raumstationsbesatzung. Anna und Eric nickten. Yurichev schloss die Luftschleuse. Gleich darauf öffnete sich die Tür zum All.

„Los geht's!", rief Oldman. Er schwebte durch die Luke nach draußen. Während ihm Anna sofort folgte, wartete

Eric ein paar Sekunden und atmete tief durch. Dies war ganz sicher der aufregendste Teil ihrer Mission. Er würde im All schweben, nur durch eine dünne Leine mit der Raumstation verbunden.

„Traust du dich nicht?", fragte Anna.

„Du spinnst wohl!", entgegnete Eric und ließ die Haltegriffe los. Kurz darauf befand er sich im All. Vor lauter Aufregung atmete er viel zu schnell ein und aus.

„Ganz ruhig", hörte er Blacks Stimme in seinem Helm. Sie beobachtete den Weltraumspaziergang von einem Fenster der Raumstation aus.

Eric schloss die Augen und zählte bis zehn. Das half ihm, ruhiger zu atmen. Nachdem er die Augen wieder geöffnet hatte, genoss er den Anblick der Erde, die sich unter ihm befand.

„Wir werden uns jetzt so weit von der ISS entfernen, bis ihr einen Ruck an der Sicherungsleine spürt", erklärte ihnen Oldman. „Folgt mir einfach."

Hinter Oldman und Anna bewegte sich Eric fort von der ISS.

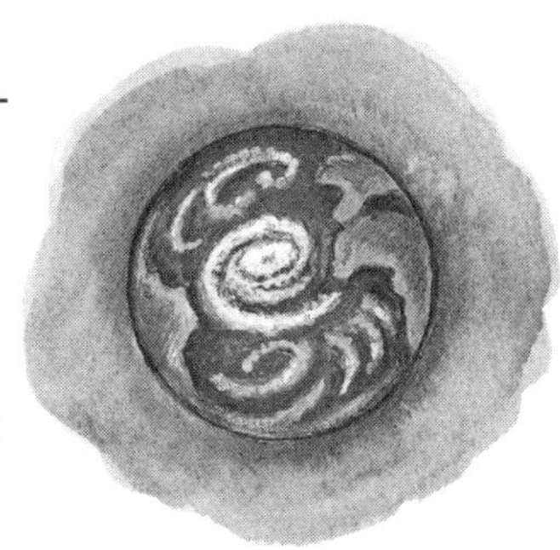

„Achtet mal auf den weißen wirbelnden Fleck auf der Erde", meldete sich der dritte Astronaut der Raumstationsbesatzung namens Walter über Funk. „Das ist ein Hurrikan über dem Atlantik."

Eric betrachtete den Fleck. Von hier oben sah er richtig schön aus. Doch natürlich wusste er, wie zerstörerisch ein solcher Wirbelsturm sein konnte.

„Ich habe das Ende erreicht!", sagte Oldman jetzt.

„Ich auch", erklang Annas Stimme. „Die Leine hat mich gestoppt."

Eric fehlten noch ein paar Meter, bis er bei den beiden ankam. Schließlich war er mit ihnen auf einer Höhe. Er spürte einen Ruck, und im nächsten Moment riss die Halterung der Sicherheitsleine von seinem Anzug ab. Eric trudelte weiter hinaus ins All.

„Was ist das?", rief er entsetzt.

„Wir haben ein Problem!", sagte Oldman. „Eric ist nicht mehr mit der Sicherheitsleine verbunden."

„Bleib ganz ruhig“, hörte Eric Yurichev. „Ich habe dir beigebracht, wie man den SAFER benutzt. Kannst du dich daran erinnern?“

„Ja.“ Mühsam unterdrückte Eric die Panik, die in ihm aufstieg.

„Du betätigst beide Knöpfe und fliegst langsam auf Oldman zu“, sagte Yurichev.

„Okay“, murmelte Eric. Er drückte die Knöpfe. Aber der Schub funktionierte nur auf einer Seite. Eric bewegte sich seitlich weg von Anna und Oldman.

„Stopp!“, schrie Black. „Dein SAFER funktioniert nicht richtig!“

Sofort nahm Eric die Finger von den Knöpfen.

„Was machen wir jetzt?“, fragte Walter besorgt.

„Oldman, kümmern Sie sich um Anna“, befahl Black.

Eric beobachtete, wie sich Oldman Anna näherte und einen Arm um sie legte. Er fragte sich verzweifelt, was mit ihm passieren würde. Wie sollte er zurück zur Raumstation kommen?

„Dir wird bestimmt nichts passieren“, sprach ihm Anna Mut zu.

„Anna hat Recht, dir kann nichts passieren“, bestätigte Black. „Noch bist du auf der gleichen Umlaufbahn wie die ISS. Damit bewegst du dich mit der gleichen Geschwindigkeit. Du darfst bloß deinen kaputten SAFER nicht mehr benutzen."

„Alles klar", flüsterte Eric, während er zusah, wie Oldman und Anna die Ausstiegsluke erreichten. Er spürte, dass ihm der Schweiß auf der Stirn stand. Noch nie in seinem ganzen Leben hatte er solche Angst gehabt, aber er wusste, dass er jetzt auf keinen Fall die Nerven verlieren durfte.

„Schön ruhig bleiben. Genieß die herrliche Aussicht", empfahl ihm Graham.

Eric wunderte sich über diesen merkwürdigen Ratschlag. Wahrscheinlich sollte er tröstlich gemeint sein, aber im Moment blickte er nur auf die verschiedenen Module der ISS. So toll war diese Aussicht nun wirklich nicht.

„Ich bringe Anna herein", sagte Oldman jetzt. Anna verschwand aus Erics Sichtfeld.

„Anna ist wieder in der ISS", erklärte Yurichev gleich darauf. „Nun holen wir Eric nachhause."

Hoffentlich, dachte Eric.

„Die ganze Welt zittert um dich", sagte Graham.

Ärgerlich fragte sich Eric, ob Graham ihn in dieser Situation auf den Arm nehmen wollte. Seine Bemerkungen waren wirklich keine große Hilfe.

„Oldman, solange Sie mit der Leine gesichert sind, ist Eric außerhalb Ihrer Reichweite“, hörte er Blacks Stimme.

„Ich weiß“, entgegnete Oldman. „Ich probiere kurz, ob mein SAFER funktioniert.“ Er drückte die Knöpfe und beschleunigte einwandfrei nach vorn. „Alles klar.“

„Wie geht's dir, Eric?“, fragte Black. „Ist alles in Ordnung?“

„Ich hatte mir den Weltraumspaziergang nicht ganz so spannend vorgestellt“, erklärte Eric mit zittriger Stimme.

„Wir uns ebenfalls nicht“, erwiderte Black. „Aber mach dir keine Sorgen. Gleich bist du wieder bei uns.“

„Du bist jetzt ein lebender Satellit, Eric. Ist das nicht cool?“, meldete sich Graham wieder.

„Das finde ich nicht lustig", entfuhr es Eric. Warum machte Graham bloß solche unpassenden Witze?

Dann wurde ihm bewusst, dass einer der Astronauten noch gar nichts gesagt hatte. Das kam ihm sogar noch seltsamer vor als Grahams Äußerungen.

Oldman löste seine Sicherheitsleine. „Ich komme jetzt zu dir geflogen." Er drückte erneut die Knöpfe und näherte sich Eric.

„Gleich hast du ihn", sagte Walter.

Tatsächlich kam Oldman immer näher. Sie waren nur noch zehn Meter voneinander entfernt. Oldman streckte bereits eine Hand nach Eric aus. Kurz darauf hatte er ihn erreicht. Sofort klammerte sich Eric an ihm fest.

„Ich habe ihn!", stieß Oldman erleichtert aus.

„Gut gemacht!", hörte Eric Annas vor Aufregung zitternde Stimme.

Oldman drehte sich und Eric in Richtung der Ausstiegsluke. „Ich muss dich jetzt loslassen“, erklärte er, „damit ich beide Knöpfe gleichzeitig drücken kann. Aber du wirst dich schön weiter an mir festhalten.“

„Ich habe nichts Anderes vor“, sagte Eric. Er spürte den Schub nach vorn, und sie näherten sich rasch der Ausstiegsluke. Kurz darauf schob Oldman ihn in die Raumstation. Hinter ihnen schloss sich die Luke. Eric war gerettet.

Überglücklich bedankte er sich bei Oldman.

Doch bei aller Freude ging ihm seine Beobachtung nicht aus dem Kopf. Warum hatte sich ein Astronaut während seines Abenteuers kein einziges Mal zu Wort gemeldet?

Welcher der Astronauten auf der Raumstation hat sich nicht an der Rettungsmission beteiligt?

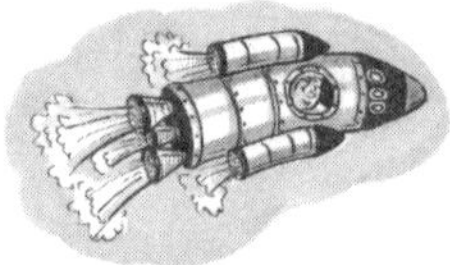

Sabotage

Während Yurichev den kaputten SAFER von seinem Rücken löste, merkte Eric, dass seine Knie zitterten. Als ihm der Helm abgenommen wurde, konnte er Tränen der Erleichterung nicht mehr zurückhalten.

Yurichev versuchte, ihn tröstend zu umarmen, was wegen des Raumanzugs und der Schwerelosigkeit kaum möglich war. „Jetzt kann dir nichts mehr passieren“, sagte er aufmunternd.

Die Verbindungstür zur Luftschleuse öffnete sich langsam. Eric blickte über Yurichevs Schulter. Hinter der Tür standen Anna, Black, Walter und Graham. Nur von Smith war nichts zu sehen. Das passte zu Erics Beobachtung, als er im All abgetrieben war. Denn Smith hatte sich während der ganzen Zeit kein einziges Mal über den Lautsprecher gemeldet.

„Ich möchte eine vollständige Untersuchung. Vom Raumanzug und dem SAFER“, befahl Black streng. „Die ganze Welt hat miterlebt, wie dieser Junge beinahe im All verschollen wäre. Das hätte unter keinen Umständen passieren dürfen.“

„Das übernehme ich“, sagte Walter.

Oldman nickte. „Ich helfe dir dabei.“

Black packte zwei Haltestangen und beugte sich über Eric. „Ist mit dir wirklich alles in Ordnung?“

Eric nickte zaghaft.

Black strich ihm die Tränen aus dem Gesicht. „Lewis will so bald wie möglich mit dir sprechen.“

„Da muss er sich aber noch ein wenig gedulden“, mischte sich Yurichev ein. „Zunächst einmal hat unser tapferer Astronaut eine Belohnung verdient.“

Nachdem er den Weltraumanzug aus- und seine normale Kleidung wieder angezogen hatte, brachte Yurichev Eric in die Kombüse der ISS. Aus einem Schrank holte er eine kleine Tafel Schokolade und ein versiegeltes Päckchen getrockneter Erdbeeren. Yurichev öffnete die Scho-

koladenfolie und brach die Tafel in zwei Hälften. Er reichte sie den Kindern. „Das beruhigt eure Nerven", sagte er lächelnd.

Dankbar nahm Eric das Stück Schokolade und steckte es in seinen Mund. Der Geschmack war herrlich. Kaum hatte Eric die Schokolade aufgegessen, da riss Yurichev die Packung mit den getrockneten Erdbeeren auf. Die Früchte schwebten sofort davon. „Schnappt sie euch und lasst sie auf der Zunge zergehen", empfahl er ihnen. „Die trockenen Beeren werden in eurem Mund weich." Yurichev warf den Müll weg und ließ die Kinder allein. Anna und Eric begannen mit einem Wettstreit, wer die meisten Erdbeeren fing. Am Ende gewann Eric mit sieben zu fünf. Allerdings hatte er den Eindruck, Anna habe ihn gewinnen lassen.

„Wie war das, allein im All zu schweben?“, wollte sie wissen.

„Als du wieder sicher in der ISS warst, war ich ein bisschen neidisch“, gestand Eric. „Ich hatte schreckliche Angst. Um aus Panik nichts falsch zu machen, habe ich darauf geachtet, was mir die Astronauten zugerufen haben.“

„Das war bestimmt eine gute Idee“, lobte ihn Anna.

„Weißt du, was mir dabei aufgefallen ist?“

Anna schüttelte den Kopf. „Sag schon!“

„Smith hat während des ganzen Weltraumspazierganges keinen Ton von sich gegeben. Ist das nicht sehr merkwürdig?“

Anna runzelte die Stirn. „Allerdings. Wo ist er überhaupt?“, erkundigte sie sich. „Ich habe ihn schon lange nicht mehr gesehen.“

Als ob Smith nur auf dieses Stichwort gewartet hätte, kam er in diesem Augenblick in die Kombüse geschwebt. „Wie war euer Spaziergang?“, fragte er gähnend und griff nach einer Packung Saft.

Eric guckte ihn verwundert an.

„Ist das Ihr Ernst?“, fragte Anna.

Nun hangelte sich auch Yurichev zurück in die Kombüse.

„Warum soll das nicht mein Ernst sein?“, erwiderte Smith.

„Was ist los?“, fragte Yurichev.

„Smith hat uns gerade gefragt, wie der Weltraumspaziergang war“, erklärte ihm Anna.

„Entschuldige bitte, dass ich dieses wichtige Ereignis verpasst habe“, meinte Smith gereizt. „Aber ich war müde und habe die letzten Stunden geschlafen.“

„Da ist Ihnen einiges entgangen“, sagte Yurichev.

Eine Weile später saßen Eric, Anna, Yurichev und Black im Kommunikationsmodul. Auf dem Bildschirm vor ihnen tauchte Lewis auf. Obwohl das Bild sehr schummrig war, erkannte Eric die Sorge auf seinem Gesicht.

„Geht es dir gut?“, fragte Lewis.

Eric nickte. „Mir ist ja zum Glück nichts passiert.“

Lewis wandte sich an Black. „Haben wir inzwischen herausgefunden, wieso Eric abgetrieben ist?“

„Nein“, antwortete sie. „Oldman und Walter überprüfen gerade den Raumanzug und den SAFER. Ich erwarte in Kürze ihren Bericht.“

„Die Presse macht mir hier die Hölle heiß“, seufzte Lewis. „Ich sehe schon die Schlagzeilen vor mir: NASA riskiert das Leben eines Kindes. Verdammt!“ Er schlug wütend mit einer Hand auf seinen Schreibtisch. Genau in diesem Moment kam Walter in den Kommunikationsraum.

„Wir haben die Untersuchung abgeschlossen“, sagte er mit düsterer Miene. „Sowohl an Erics Raumanzug als auch an dem SAFER hat sich jemand zu schaffen gemacht.“

„Wie bitte?“, brüllte Lewis.

Walter nickte betrübt. „Der Haken, mit dem die Sicherungsleine am Raumanzug befestigt ist, war angesägt, sodass er bei der ersten ruckartigen Bewegung abreißen musste. Außerdem waren am SAFER auf einer Seite die Antriebsdüsen verstopft. Der Raumanzug ist von der Erde mitgebracht worden, daher weiß ich nicht, ob er in Ordnung war. Aber mit dem SAFER war ich noch vor zwei Wochen im All. Da hat er tadellos funktioniert.“

„Natürlich war der Raumanzug ohne Mängel, als der Shuttle abgehoben ist. Oder glauben Sie, wir hätten das nicht kontrolliert?", fuhr Lewis den Astronauten an.

„Das habe ich mir bereits gedacht", entgegnete Walter beschwichtigend. „Das heißt, jemand hat beides erst hier auf der ISS beschädigt."

„Wer setzt bloß das Leben eines Kindes aufs Spiel?", fragte Lewis fassungslos.

„Darüber habe ich mir ebenfalls Gedanken gemacht. Die ganze Sache ergibt keinen Sinn. Erics Leben war nie ernsthaft in Gefahr. Er hätte extrem panisch reagieren müssen, um sich weit von der Raumstation zu entfernen. Und selbst falls er auf eine andere Umlaufbahn geraten wäre, hätten wir ihn mit dem Shuttle retten können", erläuterte Walter. „Wir waren zwar alle aufgeregt und nervös, doch eigentlich gab es dafür keinen Grund. Es hätte nichts Schlimmes passieren können."

Plötzlich wirkte Lewis nachdenklich. „Danke für Ihren Bericht. Ich möchte jetzt kurz ungestört mit den Kindern reden."

Ohne nach dem Grund zu fragen, hangelten sich die erwachsenen Astronauten aus dem Kommunikationsraum und schlossen die Tür hinter sich.

„Seid ihr allein?", wollte Lewis nach ein paar Sekunden wissen.

Eric nickte.

„Mir geht gerade die Frage durch den Kopf, ob es jemandem genützt hat, dass alle aufgeregt waren", sagte Lewis. „Dass alle abgelenkt waren und auf nichts Anderes als deine Rettung geachtet haben… Ich habe nämlich einen schlimmen Verdacht!"

Was befürchtet Lewis?

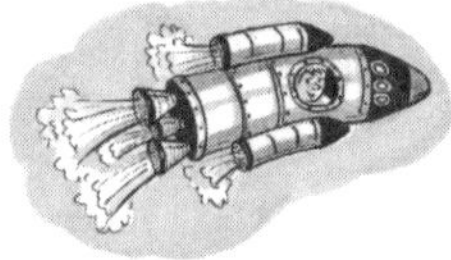

Vernichtet!

„Ihr müsst das sofort überprüfen!“, sagte Lewis drängend. „Die ganze Aufregung hätte dazu genutzt werden können, das Experiment zu vernichten.“

„Woran sollen wir merken, ob das Experiment zerstört worden ist?“, fragte Eric.

„Es gibt genügend Möglichkeiten, die für euch nicht zu erkennen sind“, erklärte Lewis. „Am besten vertraut ihr euch einem erwachsenen Astronauten an. Geht zu …“

Plötzlich flackerte das Bild, und ein Rauschen übertönte den Missionsleiter. Dann brach die Verbindung ab, und das Bild wurde schwarz. Eric und Anna schauten einander an.

„Hast du verstanden, zu wem wir gehen sollen?“, fragte Anna.

Eric schüttelte enttäuscht den Kopf. „Es wäre gut gewesen, zu erfahren, wem Lewis vertraut. Was machen wir jetzt? Sollen wir warten, bis wieder eine Verbindung zur Erde zu Stande kommt?“

„Nein“, meinte Anna. „Wir müssen uns auf unser Gefühl

verlassen. Welchem der Astronauten würdest du bedingungslos vertrauen?"

„Black!", antwortete Eric, ohne zu zögern.

„Ich auch!" Anna nickte. „Und Yurichev!"

„Stimmt", erwiderte Eric. „Berichten wir den beiden von unserem Verdacht."

Zehn Minuten später starrte Black die Kinder fassungslos an.

„Lewis vermutet einen Verräter an Bord und erzählt mir nichts davon?", fragte sie verärgert. „Ich bin die Kommandantin dieser Mission. Mir hätte er Bescheid geben müssen."

„Aber nur, wenn er einen Beweis gehabt hätte, dass nicht Sie die Verräterin sind", mischte sich Yurichev ein.

„Wir kontrollieren unverzüglich das Experiment. Yurichev, Sie begleiten uns.“ Black schlüpfte mit ihrem Fuß aus der am Boden angebrachten Schlaufe und schwebte in Richtung des Forschungslabors Destiny.

Im Labor hangelten sie sich zu dem Glaskasten mit dem kostbaren Wirkstoff. Doch als Eric den Glaskasten betrachtete, wusste er sofort, dass das Experiment vernichtet worden war. Rote Tropfen schwebten darin umher. Wahrscheinlich Fruchtsaft, dachte Eric. Und bei der Führung von Yurichev war in dem Kasten nichts Rotes zu sehen gewesen.

„Das darf nicht wahr sein", murmelte Black verzweifelt. „Das darf einfach nicht wahr sein!"

„Zwei Jahre Forschung durch ein paar Tropfen Saft zerstört", meinte Yurichev gereizt. „Meine Kinder leiden beide jeden Sommer unter einer heftigen Pollenallergie. Ich hatte große Hoffnungen in diesen Wirkstoff gesetzt!"

„Kann man ihn denn nicht mehr retten?", erkundigte sich Anna.

Black schüttelte traurig den Kopf. „Der Saft hat den Wirkstoff verunreinigt, wahrscheinlich sogar zerstört. Er ist unbrauchbar." Wütend schlug sie mit einer Hand auf den Glaskasten. „Ich will wissen, wer das gewesen ist! Derjenige muss zur Verantwortung gezogen werden."

„Viele Personen kommen dafür nicht in Betracht", sagte Eric. „Wir können davon ausgehen, dass der Täter die Aufregung genutzt hat, als ich abgetrieben bin."

„Damit fällt Oldman aus", stellte Anna fest. „Er war mit uns beiden draußen im All." Dann wandte sie sich an Yurichev. „Sie können es auch nicht gewesen sein. Sie waren die ganze Zeit an der Luftschleuse."

„Walter war immer in meiner Nähe", erklärte Black. „Wir haben die Rettung vom Fenster aus beobachtet. Allerdings solltet ihr euch bei Walter rückversichern, ob ich wirklich die ganze Zeit an diesem Fenster war."

„Das ist nicht nötig", erwiderte Eric. „Ihnen vertrauen wir auf jeden Fall."

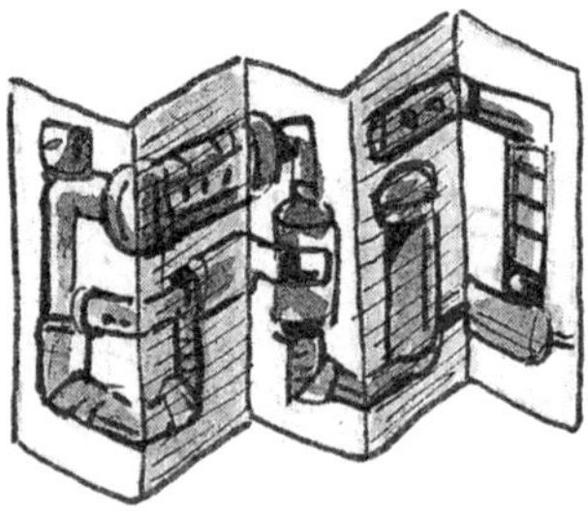

Black lächelte. „Vertrauen ist gut, Kontrolle ist besser. Ihr könnt ihn ruhig fragen."

„Bleiben also noch Graham und Smith", fasste Anna schließlich zusammen.

„Ich meine, ich habe Graham zumindest anfangs an meiner Seite gesehen", erinnerte sich Black.

Yurichev wirkte nachdenklich. „Ist es nicht seltsam, dass ein Astronaut den Höhepunkt der Mission einfach verschläft?"

„Wer hat geschlafen?", fragte Black.

Yurichev erzählte ihr, wie Smith in die Kombüse gekommen war und nicht gewusst hatte, was passiert war.

„Außerdem hatte er eine merkwürdige Bauskizze in seinen persönlichen Unterlagen", fügte Anna hinzu.

Black sah sie aufmerksam an. „Was für eine Skizze?"

Eric erzählte ihr von dem Bauplan. „Wir haben ihn uns angesehen, konnten aber nichts damit anfangen", erklärte er.

„Wofür benötigt ein Mediziner eine solche Skizze?" Black war deutlich anzumerken, wie verdächtig ihr das Verhalten des Ersatzastronauten vorkam.

Genau in diesem Moment hangelte sich Smith in das Forschungsmodul. „Was macht ihr hier?", entfuhr es ihm überrascht. Dann bemerkte er den Glaskasten. „O nein! Wer war das?“

Black blickte ihn grimmig an. „Das wissen Sie wohl am besten!“

„Was soll das heißen?“ Smith klang gereizt.

„Sie haben das Experiment vernichtet!“, klagte ihn Black an. „Und tun Sie bloß nicht so scheinheilig! Alle Indizien sprechen gegen Sie!“

„Was für Indizien?“, fragte Smith. „Wovon reden Sie?“

„Ich möchte zu gerne die Bauskizze überprüfen, die die Kinder vor ein paar Tagen bei Ihnen entdeckt haben“, mischte sich Yurichev ein.

Smith sah verwundert von Yurichev zu den Kindern. „Euch ist aufgefallen, dass ich eine Bauanleitung in der Hand gehalten habe? Ich dachte, ich hätte sie schnell genug zusammengefaltet.“

„Sie geben also zu, der Verräter zu sein?“, fragte Anna.

„Ihr beschuldigt den Falschen“, entgegnete Smith. „Die Skizze habe ich von Lewis erhalten. Er hat mich am Abend vor dem Start ins Vertrauen gezogen. Der Bauplan des Experiments sollte mir helfen, die Sabotage zu verhindern. Aber anscheinend habe ich versagt.“

„Und das sollen wir Ihnen glauben?“, fuhr Eric ihn an.

Smith zuckte mit den Achseln. „Ich kann es euch sogar beweisen“, erwiderte er. „Erinnerst du dich, dass ich euch im Shuttle erst sehr spät bemerkt habe, weil ich Kopfhörer im Ohr hatte?“

Eric nickte.

„Ich möchte euch gerne vorspielen, was ich mir damals angehört habe.“

Smith ging ins Schlafquartier und kehrte mit einem

MP3-Player zurück. Er reichte ihn Eric. „Wenn du mir schon nicht glaubst, sieht das bei ihm hoffentlich anders aus."

Eric nahm den MP3-Player und steckte sich die Kopfhörer in die Ohren. Dann drückte er die Starttaste. Zu seiner Verwunderung erklang Lewis' Stimme.

„Sie müssen unbedingt die Vernichtung dieses Experimentes verhindern", hörte er den Missionsleiter sagen. „Die Bauskizze wird Ihnen dabei helfen. Ich gehe sie jetzt Punkt für Punkt mit Ihnen durch."

Eric zog sich die Hörer wieder aus den Ohren und reichte den Player weiter. „Er sagt die Wahrheit. Lewis hat ihm tatsächlich vertraut. Die Skizze hat er von ihm bekommen."

Plötzlich fiel Eric noch etwas ein, das ihm merkwürdig vorgekommen war, während er allein im All gewesen war. „Können wir eigentlich sicher sein, dass alle Astronauten außer Smith mit meiner Rettung beschäftigt waren? Oder hat einer dies nur vorgetäuscht? Indem er sich einfach immer wieder über Funk zu Wort gemeldet hat? Auch wenn dabei nur unpassende Bemerkungen herausgekommen sind."

Woran erinnert sich Eric?

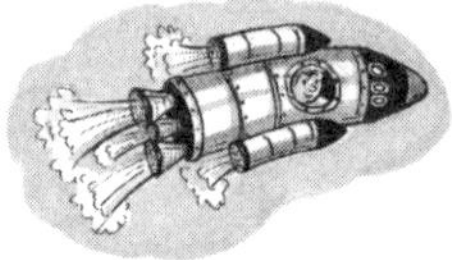

Gefahr aus dem Weltraum

„Das waren doch wirklich seltsame Bemerkungen von Graham, oder?“, vergewisserte sich Eric. „Beispielsweise hat er mir empfohlen, die Aussicht zu genießen, als ich auf die Ausstiegsluke gestarrt habe. Und dann machte er noch blöde Witze, indem er mich einen lebenden Satelliten nannte.“

„Wenn ich mich nicht sehr irre, stand Graham nur einen kurzen Augenblick neben mir am Fenster“, erinnerte sich Black. „Danach habe ich ihn eine ganze Zeit lang nicht gesehen.“

„Hat er vielleicht einfach irgendetwas gesagt, damit wir nicht bemerken, dass er mit anderen Dingen beschäftigt war?“, fragte Yurichev.

„Möglich“, meinte Smith. „Zumal es äußerst merkwürdig ist, einem im All treibenden Kind solche Dinge zu sagen.“

„Ich muss ihn sofort zur Rede stellen“, beschloss Black.

„Sollten wir nicht erst Lewis über unseren Verdacht informieren?“, fragte Eric.

Bevor Black antworten konnte, ertönte ein lautes Alarmsignal.

„Was hat das zu bedeuten?" Anna riss erschrocken die Augen auf.

„Das ist gar nicht gut", murmelte Yurichev. „Dieser Alarm geht nur los, wenn Gefahr für die ISS droht. Wir müssen zum Kommunikationsmodul!" Er drehte sich um und hangelte sich aus dem Forschungsbereich hinaus. Eric und Anna sahen sich entsetzt an.

„Ob Graham hinter dem Alarm steckt?", flüsterte Eric Anna zu. Das Mädchen zuckte mit den Achseln. Inzwischen hatte auch Smith das Labor verlassen.

„Beeilt euch, Kinder!", rief Black.

Im Kommunikationsmodul warteten Oldman und Walter auf sie. Beide sahen sehr besorgt aus.

„Die NASA hat einen etwa einen Meter großen Gesteinsbrocken per Radar ausfindig gemacht, der droht, auf die Raumstation zu prallen."

Eric wunderte sich. Konnte ein solcher Brocken bei der Größe der ISS wirklich Schaden anrichten?

„Ist das schlimm?", fragte Anna, die offenbar das Gleiche dachte.

Oldman nickte. „Am empfindlichsten sind die Solarsegel, weil sie völlig ungeschützt sind. Wenn der Stein sie trifft, zerfetzt er sie. Im ungünstigsten Fall beschädigen die herumtreibenden Stücke anschließend etwas an der Raumstation. Noch schlimmer wäre allerdings ein Zu-

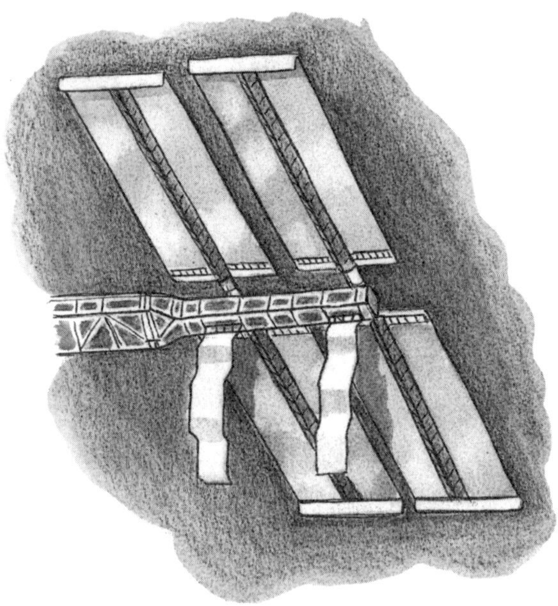

sammenstoß des Brockens mit dem Wohnbereich oder den unter Druck stehenden Tanks. Diese Bereiche sind zwar durch eine Art Stoßdämpfer gesichert, aber der Schutz wirkt nur bei Objekten bis zu einer Größe von zehn Millimetern."

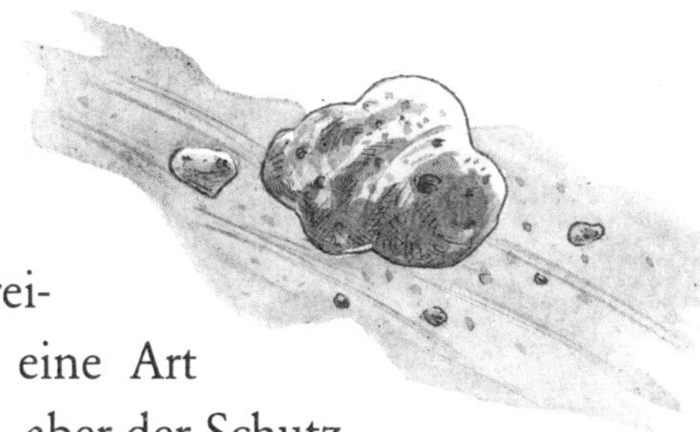

„O Gott", wisperte Eric. Nun konnte er die Aufregung verstehen. „Also sind wir völlig ungeschützt?"

„Nein", entgegnete Walter. „Der Zusammenprall soll in zehn Minuten stattfinden. Das gibt der NASA gerade eben genug Zeit, die ISS aus dem Weg zu lenken. Allerdings bestehen sie darauf, den Spaceshuttle vorher abzudocken. Ihr müsst alle sofort zurück in den Shuttle!"

„Was ist mit unseren Sachen?", wollte Anna wissen. „Sollen wir sie holen?"

„Dazu ist keine Zeit mehr", antwortete Black. „Wenn die ISS nicht beschädigt wird, docken wir später wieder an. Los jetzt! Auf zum Shuttle!"

In diesem Moment tauchte Graham auf. „Warum seid ihr noch hier?", rief er. „Wir müssen uns beeilen!"

„Folgt ihm!", wies Black die Kinder an.

Hektisch drehte sich Eric um. Er stieß sich von seinem Haltegriff ab und steuerte die nächste Stange an.

Doch da alles so schnell gehen musste, passte er nicht richtig auf und prallte mit der Schulter gegen einen der Container.

„Autsch!“

„Alles in Ordnung?“, fragte Anna hinter ihm.

Eric nickte, griff nach der Stange vor ihm und gab sich einen weiteren Stoß.

„Der Shuttle muss in zwei Minuten ablegen“, ertönte die Stimme des Shuttlepiloten durch die Lautsprecher der ISS. „Sonst bleibt der NASA nicht genug Zeit, mit der ISS auszuweichen. Und wir wären dann mitten im Gefahrenbereich.“

Schneller geht's nicht, dachte Eric verzweifelt. Er näherte sich einem Durchgang mit Haltegriffen links und rechts. Mit aller Kraft umklammerte er sie und stieß sich so stark wie möglich ab.

„Gleich haben wir es geschafft“, ermutigte ihn Black.

„90 Sekunden!“, informierte sie der Pilot.

Eric bog um eine Ecke und prallte erneut gegen einen Container.

„Schneller!“, trieb der Pilot sie an.

Graham hangelte sich in den Shuttle, reichte Eric seine Hände und zog ihn in das Raumschiff. Kurz darauf war auch Anna an Bord.

„Sechzig Sekunden!“, schrie der Pilot. „Das wird verdammt knapp!“

Doch nun waren auch Smith und Black im Shuttle angekommen, und Graham schloss die Luke. „Wir können abdocken!“, brüllte er.

Eric und Anna schwebten im Schlafbereich des Shuttles. Beide starrten aus dem Fenster. Das Raumschiff hatte sich inzwischen ein Stück von der ISS fortbewegt.

„Der Brocken müsste in 20 Sekunden den Kurs der Raumstation streifen“, erklang die Stimme des Piloten über die Lautsprecher.

Anna deutete mit der Hand nach vorn. „Da ist er!“

Eric blickte in die Richtung, in die Anna zeigte, und erkannte den Meteor. Aus dieser Entfernung wirkte er völlig harmlos. Trotzdem verfolgte Eric gebannt seinen

Flug. Der Brocken näherte sich immer schneller der ISS. Mit Entsetzen bemerkte Eric, dass das äußerste Solarsegel gefährdet war.

„Bitte flieg vorbei“, flüsterte er eindringlich.

Der Meteor kam noch näher. Doch nun sah Eric, dass auch die riesige Raumstation sich langsam zur Seite bewegte. Der Brocken sauste knapp am Segel vorbei.

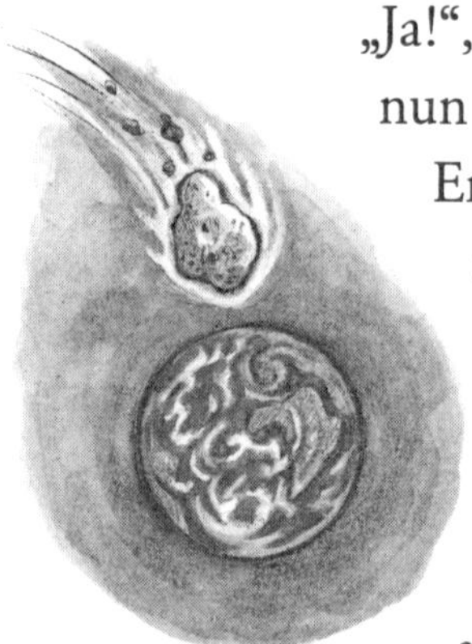

„Ja!“, rief Eric. Der Gesteinsbrocken flog nun auf die Erde zu. Das beunruhigte Eric aber nicht. Der Brocken war nicht groß genug, um dort Schaden anzurichten. Bestimmt würde er in der Atmosphäre auseinanderbrechen und verglühen.

Anna wandte sich vom Fenster ab. Auch sie war erleichtert. Doch plötzlich runzelte sie die Stirn.

„Was ist mit dir?“, fragte Eric.

„Ich musste gerade an Graham und seine miese Sabotage denken“, antwortete sie. „Aber wahrscheinlich werden wir sie ihm nicht nachweisen können.“ Missmutig verzog sie das Gesicht. „Es sei denn …“, begann sie.

„Es sei denn, was?“, hakte Eric nach.

Anna schwebte auf den Schrank zu, in dem die Astronauten ihre persönlichen Sachen untergebracht hatten. Jeder Astronaut, der zur Raumstation hinübergewechselt war, hatte einen Teil seines Gepäcks aus Platzgründen im Shuttle gelassen.

Anna öffnete den Schrank und griff nach Grahams Rucksack.

„Was machst du denn da?“, wollte Eric wissen. „Wie sollen wir das erklären, wenn er jetzt reinkommt?“

„Dann rufen wir nach Black. Sie würde uns unterstützen.“ Anna zog den Reißverschluss auf und kramte in den im Rucksack festgeschnürten Sachen. Eric war zur Tür geschwebt und achtete darauf, ob sich ein Erwachsener näherte. „Beeil dich“, flüsterte er. „Ich habe ein ganz komisches Gefühl im Bauch.“

„Hier unten raschelt etwas", stellte Anna fest. Mit beiden Händen schob sie die Kleidung am Boden des Rucksacks beiseite. Sofort kamen ihr kleine Papierschnipsel entgegengeflogen.

„Was hast du bloß getan?", fragte Eric mit einem entsetzten Blick auf die in der Luft schwebenden Papierstücke. „Die müssen wir alle einsammeln, schnell!"

Anna schnappte sich einen Schnipsel. Ihre Augen weiteten sich. „Das ist eine Nachricht!" Sie griff nach dem nächsten Stück. Nun grinste sie breit. „Jetzt haben wir einen Beweis! Wir müssen nur die Schnipsel zusammensetzen!"

Wie lautet die Nachricht?

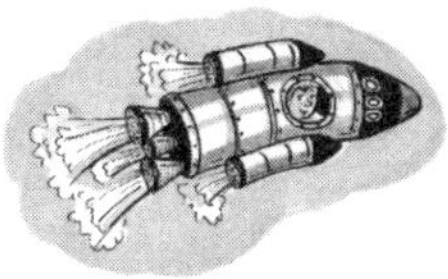

Zurück zur Erde

Black hielt die einzelnen Papierschnipsel in der Hand. Die Astronauten waren im Cockpit des Shuttles auf ihren Sitzen angeschnallt.

„Können Sie das erklären?“, fragte Black streng. „Hier steht: Wir haben den Hinweis, dass der Wirkstoff gefährlich ist. Er muss auf der ISS vernichtet werden. Diese Schnipsel haben die Kinder in Ihren persönlichen Sachen gefunden.“

Graham blickte Eric und Anna ärgerlich an. „Es ist nicht anständig von euch, einfach in meinen Sachen zu schnüffeln!“

„Anständiger als alles, was Sie getan haben!“, entgegnete Black aufgebracht.

Graham musterte sie gleichgültig. „Sind Sie sich sicher, Kommandantin?“

Black schüttelte den Kopf. „Wie können Sie nur so kaltschnäuzig sein? Eric hätte bei dem Weltraumspaziergang ums Leben kommen können.“

„Das stimmt nicht“, sagte Graham. „Ich habe es so eingerichtet, dass keine große Gefahr für ihn bestand. Er hat sich lediglich ein wenig erschrocken. Und seien wir ehrlich: Kinder gehören nicht ins All. Hier draußen ist es zu riskant für sie. Dieses Projekt Kinderastronauten war eine ganz schlechte Idee von der NASA.“

Bevor Black reagieren konnte, mischte sich Smith ein. „Was hat es mit der Nachricht auf sich? Welche Hinweise soll es auf die Gefährlichkeit des Wirkstoffs geben? Lewis hat mir gegenüber davon nichts erwähnt.“

„Weil Lewis nichts davon weiß.“ Graham seufzte. „Wie Sie alle wissen, ist die Firma Space Biotech für die Entwicklung des Wirkstoffs verantwortlich. Ich habe früher als Biologe für sie gearbeitet. Vor einigen Wochen erhielt ich die Nachricht, die die Kinder heute in meinen Sachen gefunden haben. Ich habe die Botschaft übrigens für den Fall in meinem Rucksack aufbewahrt, dass mich jemand von der Vernichtung des Experiments hätte abhalten wollen. Damit ich ihn von der Wichtigkeit meiner Aufgabe hätte überzeugen können.“

„Warum war sie dann zerrissen?“, fragte Eric.

„Zuerst wollte ich die Nachricht auf der Erde vernichten. Aber dann habe ich es mir anders überlegt“, erklärte Graham. „Nachdem ich die Botschaft bekommen hatte, traf ich mich mit den Wissenschaftlern von Space Biotech. Sie zeigten mir eine Simulation am Computer, die darauf hindeutete, dass der Wirkstoff tödliche Nebenwirkungen besitzt. Deswegen baten sie mich um eine Zerstörung des Experiments auf der ISS."

„Das verstehe ich nicht", meint Smith. „Warum hat sich Space Biotech nicht an die NASA gewandt?"

„Weil dadurch die Nachricht von der Gefährlichkeit des Wirkstoffs an die Öffentlichkeit gedrungen wäre", erklärte Graham. „Das wäre schlecht für die Firma gewesen. Es hätte wahrscheinlich ihren Ruf ruiniert."

„Aber hätte man den Wirkstoff nicht erst auf der Erde testen müssen?", fragte Black. „Um die Computersimulation zu bestätigen?"

„Space Biotech wollte kein zusätzliches Geld für Tests ausgeben, deren Ergebnisse ihrer Meinung nach bereits feststanden."

„Was war mit Schulz?“, erkundigte sich Anna. „Haben Sie etwas damit zu tun, dass er plötzlich so krank wurde?“

Graham sah betrübt zu Boden. „Das ist das Einzige, was mir leidtut. Schulz’ Aufgabe hätte in einigen letzten Experimenten mit dem Wirkstoff bestanden. Durch seine Anwesenheit auf der ISS wäre es viel schwieriger gewesen, den Wirkstoff zu vernichten. Deshalb hat mir Space Biotech ein Medikament zur Verfügung gestellt, das ihn zwei Tage lang mit harmlosem Durchfall und Erbrechen außer Gefecht gesetzt hat.“

Black funkelte ihn böse an. „Gleichzeitig haben Sie ihn damit um eine Mission gebracht, auf die er sich seit Jahren vorbereitet hat.“

„Dann wird er eben bei einer der nächsten Shuttlemissionen ins All fliegen“, verteidigte sich Graham.

„Aber warum war Smith nicht auch störend für Ihren Plan?“, wollte Anna wissen.

„Ich kenne mich mit diesem Experiment nicht aus“, beantwortete Smith die Frage. „Nach Schulz’ Ausfall waren die Arbeiten an dem Wirkstoff vom Plan gestrichen worden. Ich sollte einfach nur dafür sorgen, dass der Wirkstoff sicher zur Erde gelangt.“

„Warum sind Sie eigentlich einige Wochen vor dem Start nachts im Flur vor unseren Zimmern herumgeschlichen?“, wandte sich Eric an Graham.

„Ich hatte in jener Nacht mit dem Gedanken gespielt, Schulz heimlich ins Vertrauen zu ziehen“, erklärte Graham. „Nachdem du mich entdeckt hattest, habe ich es mir allerdings anders überlegt.“

Die Astronauten schwiegen eine Weile. Schließlich räusperte sich Black. „Die NASA wird entscheiden müssen, was mit Ihnen passiert. Sie haben vorsätzlich einen Raumanzug und einen SAFER beschädigt. Das ist beides Eigentum der NASA.“

„Außerdem haben Sie die Krankheit von Schulz herbeigeführt“, fügte Smith hinzu. „Dafür werden Sie bestraft werden.“

„Und was ist mit dem vernichteten Wirkstoff?“, erkundigte sich Eric.

„Dieser Wirkstoff gehört der Firma Space Biotech. Wenn sie jemandem den Auftrag geben, ihn zu vernichten, ist das ihre Sache." Black wandte sich an Graham. „Können wir uns auf Ihre Mitarbeit bei dem Rest der Mission verlassen?"

„Natürlich", sagte Graham. „Glauben Sie, ich möchte nicht sicher zur Erde zurückkehren?"

Zwei Tage später war es so weit. Sie hatten die Umlaufbahn verlassen und befanden sich auf dem Heimflug im Shuttle.

„Wir treffen jetzt auf die oberste Schicht der Lufthülle", erklärte Black. Kaum hatte sie zu Ende gesprochen, spürte Eric, dass er sanft in den Sitz gedrückt wurde. War dies das erste Zeichen, dass die Schwerkraft wieder einsetzte?

„Ich werde nun ein Flugmanöver durchführen, um Geschwindigkeit abzubauen", kündigte der Pilot an. Der Shuttle legte sich nach links, der rechte Flügel ragte steil in den Himmel. „Die Geschwindigkeit ist unter 27 000 Stundenkilometer gefallen!", rief der Pilot.

Durch das Fenster flackerte gelbweißes Licht. Eric hatte das Gefühl, in einer Neonröhre zu sitzen.

Gut zwanzig Minuten später wandte sich Black erneut an Eric und Anna. „Wir überqueren gerade die Luftwaffenbasis Edwards. Dort werden wir landen."

„Aber sind wir nicht noch viel zu schnell und viel zu hoch?", fragte Eric.

„Das stimmt“, antwortete ihm der Pilot. „Wir sind noch vierzehn Kilometer hoch und fliegen mit Überschallgeschwindigkeit. In Edwards werden sie unseretwegen einen dumpfen Knall hören.“

„Nun übernehme ich das Steuer“, sagte Black kurz darauf. Als Kommandantin war es ihre Aufgabe, die Landung zu übernehmen.

„Der Shuttle ist genau auf die Rollbahn ausgerichtet“, teilte sie der Besatzung eine Weile später mit. „Wir befinden uns 2 300 Meter über dem Boden.“

„Wie schnell sind wir?“, fragte Anna.

„Fünfhundert Stundenkilometer“, antwortete Black. „Unsere Sinkgeschwindigkeit beträgt siebzig Meter pro Sekunde. Das ist etwas schneller als ein Fallschirmspringer im freien Fall.“

Fünfhundertfünfzig Meter über dem Boden zog Black die Nase des Shuttles in die Höhe. Der Pilot drückte einen Knopf. Eric hörte, wie die Türen zum Fahrwerkschacht aufgesprengt wurden und das Fahrwerk einrastete. Einige Sekunden später setzte der Shuttle mit den hinteren Rädern auf dem Boden auf. Ein Ruck ging durch das Raumschiff. Der Pilot drückte einen weiteren Knopf, mit dem der Bremsschirm ausgeworfen wurde. Nun setzten auch die vorderen Räder auf. Der Shuttle rollte noch eine Weile und kam dann zum Stehen.

Eric und Anna sahen sich an und grinsten erleichtert. Sie hatten das größte Abenteuer ihres Lebens heil überstanden. Nun freuten sie sich beide darauf, endlich wieder ihre Eltern und Geschwister in die Arme zu nehmen.

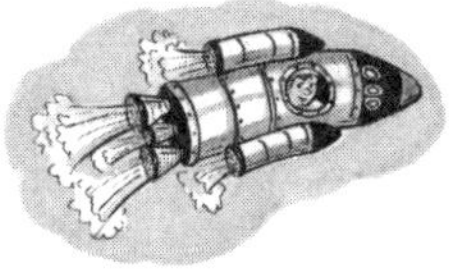

Lösungen

Die geheime Botschaft

Jede Zahl entspricht einem Buchstaben des Alphabets: A=1, B=2 usw. Die Nachricht lautet: Es gibt einen Saboteur an Bord. Findet heraus, wer es ist.

Nächtliche Begegnung

Die Zeit zwischen dem Poltern und dem Treffen im Flur ist zu kurz, als dass Graham Sportschuhe und einen Jogginganzug hätte anziehen können, wenn er vorher wirklich geschlafen hat.

Eine schlechte Nachricht

Eric erinnert sich an die leere Tablettenkapsel auf dem Boden im Frühstücksraum.

Die Reise beginnt

Anna hat das Papier entdeckt, das aus der festgeschnallten Decke auf Smiths Liege hervorlugt.

Auf der Raumstation

Anna meint Smith, weil dieser sich so auffällig nach dem Zugang zu dem Forschungsmodul erkundigt hat.

Spaziergang im All
Smith hat während der gesamten Rettungsmission nichts gesagt.

Sabotage
Lewis befürchtet, dass Erics Unfall nur ein Ablenkungsmanöver war, um unbeobachtet das Experiment zu vernichten.

Vernichtet!
Eric erinnert sich daran, dass Grahams Kommentare gar nicht zu seiner gefährlichen Situation passten.

Gefahr aus dem Weltraum
Auf dem Zettel steht: Wir haben den Hinweis, dass der Wirkstoff gefährlich ist. Er muss auf der ISS vernichtet werden.

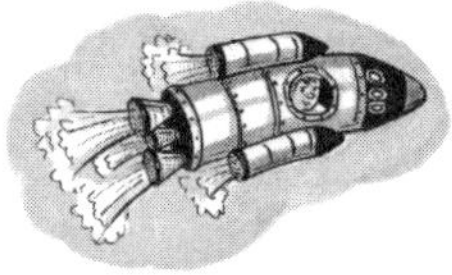

Glossar

An-, Abdocken	das An- beziehungsweise Ablegen eines Raumschiffs von einer Raumstation
Astronaut	Raumfahrer
Atmosphäre	Hülle aus Gasen um einen Himmelskörper, z. B. die Erde
Bremsschirm	eine Art Fallschirm an einem Fahrzeug, der zum Abbremsen benutzt wird
Countdown	das Rückwärtszählen der Sekunden vor dem Start bis zum Zeitpunkt Null
Druckanzug	Kleidung für Astronauten, um die Belastung beim Start und bei der Landung auszugleichen
Fahrwerk	bei Raumschiffen und Flugzeugen einziehbare Räder, die sich im Fahrwerkschacht befinden
Greifarm	beweglicher, von Raumfahrern bedienter Roboterarm, mit dem Arbeiten im Weltraum ausgeführt werden

Indiz	verdächtiger Umstand
ISS	die internationale Raumstation
Kombüse	die Küche auf einem (Raum-) Schiff
Kommandant	Befehlshaber
Kommunikations-modul	Bereich der ISS, in dem Kontakt zur Erde aufgenommen werden kann
Kosmonaut	Bezeichnung für Raumfahrer in Russland
Luftschleuse	Bereich, durch den die Raumstation verlassen wird, um ins All zu gelangen
Luftwaffenbasis	Stützpunkt des Militärs und der Raumfahrtbehörde NASA, auf dem vor allem Testflüge und Landungen von Raumschiffen stattfinden
Meteor	Gesteinsbrocken aus dem All
Mission	ein bestimmter Auftrag
Modul	eine aus mehreren Teilen bestehende Einheit innerhalb eines größeren Systems
NASA	amerikanische Raumfahrtbehörde
Nebenwirkung	zusätzliche, meist unerwünschte

	Wirkung von Medikamenten neben der beabsichtigten
Neonröhre	mit dem Edelgas Neon gefüllte Leuchtröhre
Orbit	die Umlaufbahn eines Himmelskörpers
Phänomen	Erscheinung
Pressekonferenz	Veranstaltung, auf der Vertretern der Presse Informationen gegeben werden
Raketenrucksack	Antrieb, mit dem sich einzelne Personen frei in der Luft oder im All bewegen können
Raumanzug	Schutzanzug für Raumfahrer, der im All das Überleben sichert
Sabotage	absichtliche Beschädigung und Zerstörung von Geräten und anderen Dingen
SAFER	einfacher Raketenrucksack
Satellit	Raumfahrzeug, das einen anderen Himmelskörper, z. B. die Erde, umkreist
Schallgeschwindigkeit	Geschwindigkeit, mit der sich Geräusche ausbreiten. In einer 20 Grad warmen Luft sind dies 343 Meter pro Sekunde.

Schub	Antrieb nach vorne
Schwarzes Loch	Endstadium eines sehr massereichen Sternes, aus dem aufgrund seiner gewaltigen Anziehungskraft nichts (auch kein Licht) entkommen kann
Schwerelosigkeit	Zustand, in dem keine Schwerkraft wirkt
Schwerkraft	Kraft, die auf einen Körper auf der Erdoberfläche wirkt. Die Schwerkraft verleiht den Körpern ihr Gewicht.
Simulation	Vereinfachte Nachahmung von Vorgängen, um aufwändige Experimente zu ersetzen
Solarsegel	Element im All, das Sonnenlicht in Energie umwandelt
Spaceshuttle	mehrfach verwendbares amerikanisches Raumfahrzeug
Startrampe	Bauwerk, das eine Rakete bis kurz vor dem Start festhält
Symptom	Anzeichen beziehungsweise Merkmal (einer Krankheit)
Triebwerk	Antrieb erzeugende Maschine
Umlaufbahn	Bahn eines Körpers, der sich um einen anderen bewegt

Verbindungsknoten	Bereich der ISS, der verschiedene Module miteinander verbindet
vibrieren	beben, zittern
Weltraumspaziergang	Aufenthalt eines Raumfahrers außerhalb des Raumfahrzeugs
Wirkstoff	bei Medikamenten der Stoff, der die Heilung der Krankheit hervorruft

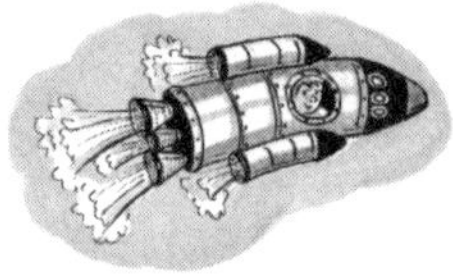

Das Universum

Das Universum ist ein unendlich großer Raum mit unendlich vielen Welten. Andere Ausdrücke für das Universum sind Kosmos oder Weltall. Nach heutigem Wissen bestand das Universum vor rund 13,5 Milliarden Jahren aus einem punktförmigen, unvorstellbar heißen Gebilde, das im so genannten Urknall explodierte und sich ausbreitete. Dadurch sanken unter anderem die Temperaturen. Nach etwa 400 000 Jahren bildeten sich die Gase Wasserstoff und Helium, die als Rohstoff für die Entwicklung von Galaxien dienten.

Eine Galaxie oder ein Sternensystem ist eine Ansammlung von Milliarden Sternen sowie Gas- und Staubwolken, die zwischen den Sternen liegen. Aus diesen Wolken entstehen immer wieder neue Sterne.

Die bekannteste Galaxie ist das Milchstraßensystem, in ihm liegt auch unsere Sonne. Diese Galaxie besteht aus etwa 200 Milliarden Sternen, von denen man von der Erde aus etwa 6 000 mit bloßem Auge erkennen kann. Die Milchstraße hat eine spiralförmige Struktur. Die Sonne befindet sich auf einem äußeren Spiralarm, eher am Rand der Milchstraße.

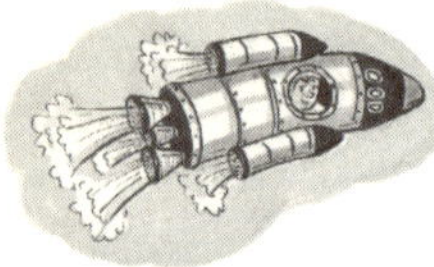

Sterne, Planeten und Monde

In der Astronomie, der Wissenschaft vom Weltraum, werden die Himmelskörper, die selbst leuchten, als Sterne bezeichnet. Dadurch kann man sie von Planeten unterscheiden, die nicht selbst leuchten, sondern von einem Stern, ihrer Sonne, angestrahlt werden.

Fast alle Sterne, die man am Himmel sieht, sind nichts anderes als weit entfernte Sonnen wie die unsere. Sterne erzeugen in einer chemischen Reaktion in ihrem Inneren Energie und geben dadurch Licht und Wärme ab. Durch diese chemische Reaktion verändert sich ein Stern während seiner Lebenszeit, bis er schließlich „stirbt". Je nach seinem Gewicht verwandelt er sich dann beispielsweise in einen Weißen Zwerg oder ein Schwarzes Loch. Manchmal bläht sich die äußere Hülle eines Sterns auf. Dann wird er als Roter Riese bezeichnet. Später schrumpft der Stern dann auf die Größe eines Planeten und wird zum Weißen Zwerg.

Planeten sind im Gegensatz zu Sternen nicht selbst leuchtende, größere Himmelskörper, die sich in ovaler Bahn um einen Stern bewegen. Nach heutiger Auffassung entstehen Planeten etwa zur gleichen Zeit wie ihre Sterne.

Bei der „Geburt“ eines Sterns entwickelt sich eine Gas-Staub-Scheibe. In dieser formen sich kleinste Teilchen zu immer größeren und bilden auf diese Weise die Grundlage für die Planeten.

Als Mond wird ein Himmelskörper bezeichnet, der einen Planeten umkreist. Fast alle Planeten haben einen oder mehrere Monde.

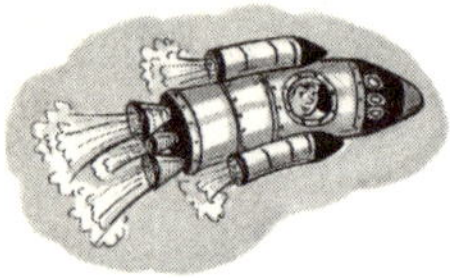

Unser Sonnensystem

Die Sonne hat ungefähr die 330 000-fache Masse der Erde und ist im Durchmesser etwa 109-mal größer als unser Planet. Sie dreht sich einmal in 25,4 Tagen um sich selbst.

Die Temperatur an ihrem äußeren Rand beträgt etwa 6 000 Grad Celsius. Je weiter es in ihr Inneres geht, desto heißer wird es. Im Zentrum wird eine Temperatur von 16 Millionen Grad erreicht.

Die Energie, die im Kern der Sonne entsteht, benötigt eine Million Jahre, um die Sonnenoberfläche zu erreichen, wo sie als Strahlung den Stern verlässt.

Unsere Sonne ist etwa fünf Milliarden Jahre alt. Wenn sie doppelt so alt sein wird, wird sie sich zu einem Roten Riesen entwickeln und zuletzt als Weißer Zwerg enden.

Insgesamt acht Planeten umkreisen die Sonne und bilden zusammen unser Sonnensystem. Die Erde braucht genau ein Jahr, um die Sonne einmal zu umkreisen. Ihr Abstand zur Sonne beträgt etwa 149,6 Millionen Kilometer. Außer um die Sonne dreht sich die Erde auch um ihre eigene Achse: Dazu braucht sie knapp 24 Stunden, einen

Tag. Auf der Seite der Erde, die der Sonne zugewandt ist, ist Tag, auf der anderen ist Nacht.

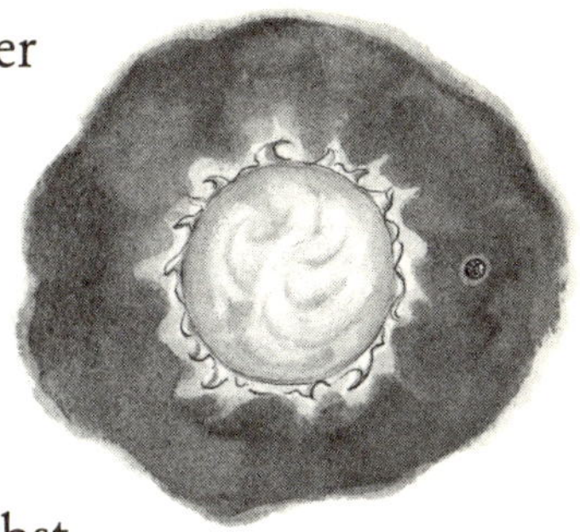

Der Merkur liegt der Sonne am nächsten. Dieser Planet dreht sich in 58,6 Tagen um sich selbst. Außerdem umrundet er in 88 Tagen einmal die Sonne. Das bedeutet, dass ein Merkurtag (die Dauer, bis sich der Planet vollständig um sich selbst gedreht hat) nur wenig kürzer ist als ein Merkurjahr (der Zeitraum, in dem die Sonne vollständig umkreist wird). Aufgrund der großen Nähe zur Sonne steigen die Temperaturen auf dem Merkur auf 430 Grad Celsius. Auf der von der Sonne abgewandten Seite fallen sie auf -150 Grad Celsius.

Der zweitnächste Planet von der Sonne aus gesehen ist die Venus. Sie umrundet den Stern in 225 (Erden-)Tagen und dreht sich in 243 Tagen einmal um sich selbst. Das heißt: Ein Venustag ist länger als ein Venusjahr. Die Venus ist fast genauso groß wie die Erde. Auf ihrer Oberfläche herrschen Temperaturen von 500 Grad Celsius. Die Oberfläche ist von einer dichten Wolkenhülle umgeben, die für die hohe Temperatur sorgt, da sie verhindert, dass die Wärme der Sonne entweichen kann. Dies nennt man Treibhauseffekt.

Der Mars ist nach der Erde der vierte Planet in unserem Sonnensystem. Im Vergleich zur Erde ist er nur fast halb so groß, und seine Masse beträgt sogar nur ein Zehntel der Erdmasse. Ein Jahr auf dem Mars dauert 687 Erdentage, ein Tag hingegen wie bei uns etwa 24 Stunden. Die Temperaturen schwanken von 20 Grad am Tag bis -85 Grad Celsius in der Nacht. Der Planet wird von zwei sehr kleinen Monden begleitet.

Der Jupiter ist der größte Planet unseres Sonnensystems. Sein Durchmesser beträgt 143 000 km, was ungefähr der elffache Erddurchmesser ist. Außerdem besitzt er

die 317-fache Erdmasse. Er umrundet die Sonne in 11,86 Jahren. Doch ein Jupitertag dauert nur knapp unter zehn Stunden. Jupiter besteht, im Gegensatz zu den ersten vier Planeten des Sonnensystems, hauptsächlich aus Gas. Er verfügt noch nicht einmal über eine feste Oberfläche. Bislang sind 62 Monde entdeckt worden, die den Gasriesen begleiten. Außerdem wissen wir durch Raumsonden, die zum Jupiter geflogen sind, dass er ein Ringsystem besitzt. Dies ist eine flache Scheibe aus Milliarden einzelner Teilchen. Im Gegensatz zu den Saturnringen ist diese Scheibe von der Erde aus jedoch nicht zu sehen.

Der sechste Planet und gleichzeitig der zweitgrößte unseres Sonnensystems heißt Saturn und bewegt sich in 29,5 Jahren um die Sonne. Ein Saturntag dauert 10,7 Stunden. Die Masse des Planeten beträgt das 95-fache der Erdmasse, und sein Durchmesser ist 120 000 km, also fast das Zehnfache des Erddurchmessers (12 756 km). Bisher sind 33 Monde bekannt, die den Saturn umkreisen. Auch dieser Planet ist ein Gasplanet. Die auffälligste Besonderheit ist sein gewaltiges Ringsystem. Die Ringe beginnen etwa 7 000 km über der Oberfläche und enden in 440 000 km Entfernung. Sie bestehen aus zehn Meter großen Brocken bis hin zu winzigen Teilchen.

Uranus ist der siebte Planet und bewegt sich in 84 Jahren um die Sonne. Ein Tag auf dem Uranus dauert 17 Erdentage. Die Masse des Gasplaneten beträgt das 15-fache der Erdmasse. Auch der Uranus verfügt über ein Ringsystem. Astronomen haben bis heute 27 Monde des Uranus entdeckt.

Der letzte Planet des Sonnensystems heißt Neptun. Ein Neptunjahr dauert 165 Erdenjahre, ein Neptuntag aber nur siebzehn Stunden. Neptun ist der drittgrößte Planet. Seine Masse ist 17-mal so groß wie die Erdmasse. Auch Neptun ist ein sogenannter Gasriese und wird von 15 Monden umrundet.

Bis zum Jahr 2006 galt Pluto als neunter Planet unseres Sonnensystems. Pluto benötigt für eine vollständige Umrundung der Sonne 248 Erdenjahre, die Drehung um seine eigene Achse dauert 6,4 Erdentage. Seine Masse beträgt nur zwei Tausendstel der Erdmasse.

Aufgrund seiner geringen Größe und weiterer Besonderheiten stritten die Wissenschaftler viele Jahre lang, ob Pluto die Bezeichnung Planet überhaupt verdient. Nachdem man in der Umlaufbahn des Pluto, dem sogenannten Kuipergürtel, andere Himmelskörper entdeckte, die sogar größer sind als Pluto selbst, beschloss man, Pluto nur noch als Zwergplanet zu bezeichnen. Im Gegensatz zu Pluto bewegen sich die „richtigen" Planeten alleine auf ihrer Bahn um die Sonne. Kleine Himmelskörper, wie die, mit denen Pluto den Kuipergürtel bildet, haben sie verdrängt.

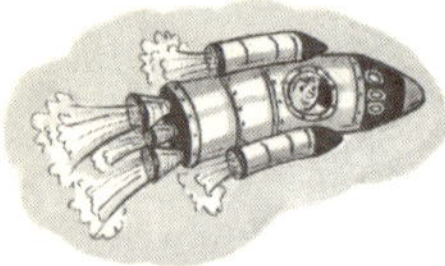

Die Raumstation ISS

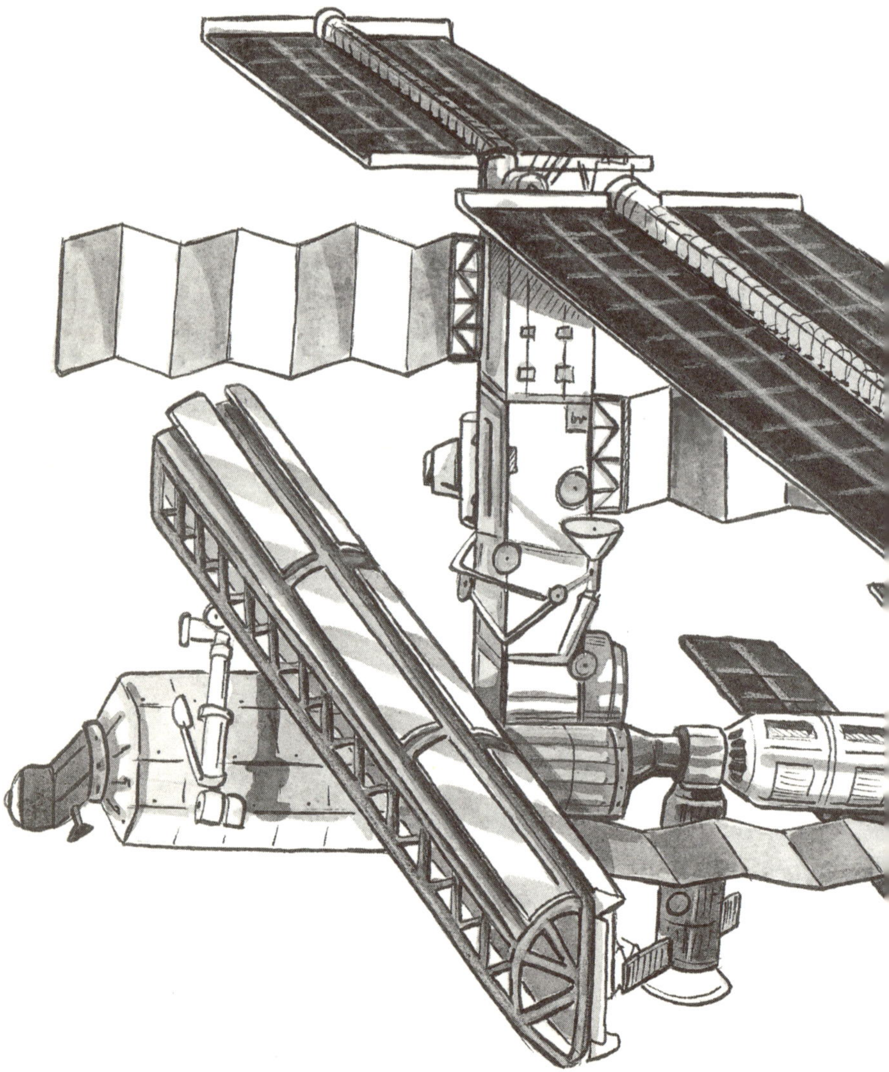

Als Raumstation wird ein Objekt bezeichnet, das sich in einer stabilen Umlaufbahn um die Erde bewegt und auf dem Weltraumfahrer leben. Die Astronauten bleiben meist mehrere Monate auf der Raumstation, bis sie von der nächsten Besatzung abgelöst werden.

Die internationale Raumstation ISS besteht aus verschiedenen Modulen, die erst im Weltall aneinander gefügt wurden. Es gibt nämlich auf der Erde keine Rakete, die in der Lage wäre, ein so großes Objekt wie die ISS ins All zu befördern.

Neben der NASA, der amerikanischen Raumfahrtbehörde, sind Russland, Japan, Brasilien, Kanada und die europäische Raumfahrtagentur ESA an dem Bau der ISS beteiligt. Das Ende der Ausbauarbeiten ist für 2010 geplant.

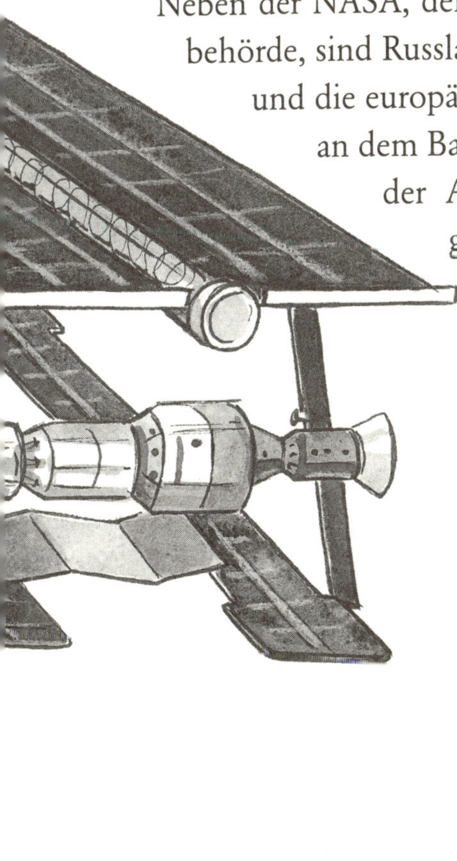

Der Autor

Marc Beck, geb. 1971, begann im Alter von 12 Jahren mit dem Schreiben, wurde jedoch erst durch einen Literaturkurs in der 11. Klasse richtig süchtig. Seitdem verfasst er mit Begeisterung Texte für Kinder, vor allem Vorlesegeschichten und Ratekrimis. Sein Sohn ist dabei oft der erste Testleser. Weitere Informationen unter www.marc-beck.com

Die Illustratorin

Rebecca Meyer, geboren in Heidelberg, studierte Design in Dortmund. In den ersten Jahren ihres Schaffens widmete sie sich der freien Kunst und Karikatur. Inspirieren ließ sie sich auf Reisen durch Südamerika. Einige Zeit arbeitete sie danach in der freien Wirtschaft als Designerin. Nach der Geburt ihres Sohnes begab sie sich als Illustratorin in die Selbstständigkeit. Seither illustriert sie immer erfolgreicher für Schulbuch- und Spieleverlage. Rebecca Meyer lebt mit ihrer Familie in einer kleinen Gemeinde nahe Bonn.

Lesen + Raten = Wissen

ISBN 978-3-8112-2916-7

ISBN 978-3-8112-2915-0

ISBN 978-3-8112-2917-4

ISBN 978-3-8112-2918-1

ISBN 978-3-8112-3001-9

ISBN 978-3-8112-3002-6

gondolino